Contents

鉄骨工場

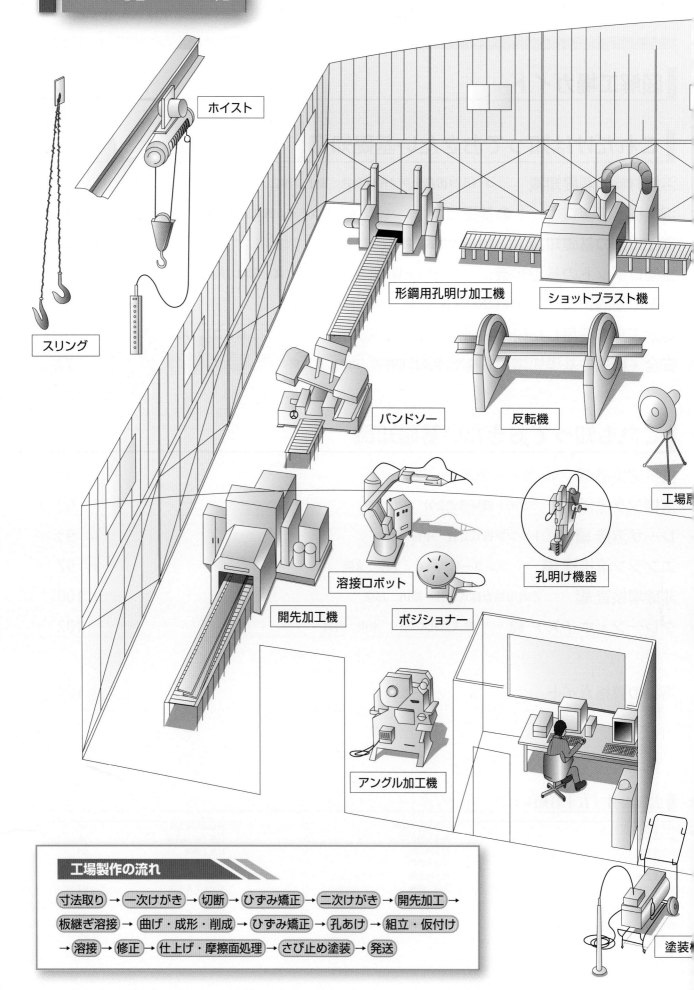

ホイスト

スリング

形鋼用孔明け加工機

ショットブラスト機

バンドソー

反転機

工場原

溶接ロボット

孔明け機器

開先加工機

ポジショナー

アングル加工機

塗装材

工場製作の流れ

寸法取り → 一次けがき → 切断 → ひずみ矯正 → 二次けがき → 開先加工 →
板継ぎ溶接 → 曲げ・成形・削成 → ひずみ矯正 → 孔あけ → 組立・仮付け
→ 溶接 → 修正 → 仕上げ・摩擦面処理 → さび止め塗装 → 発送

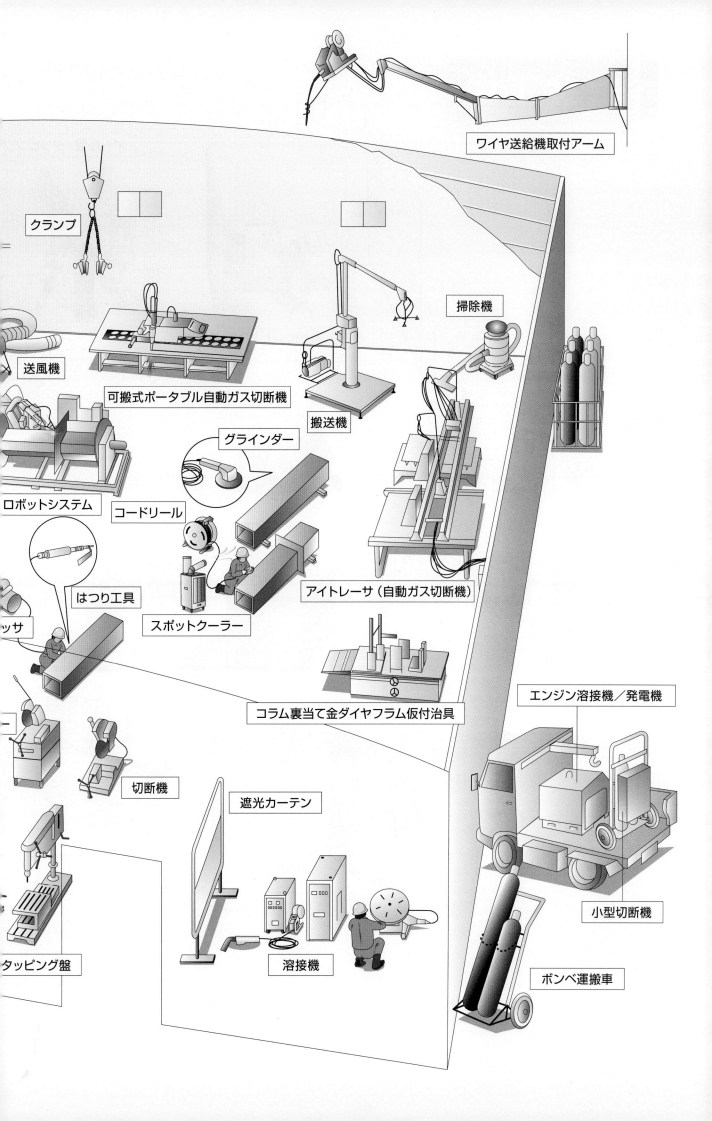

板金工場

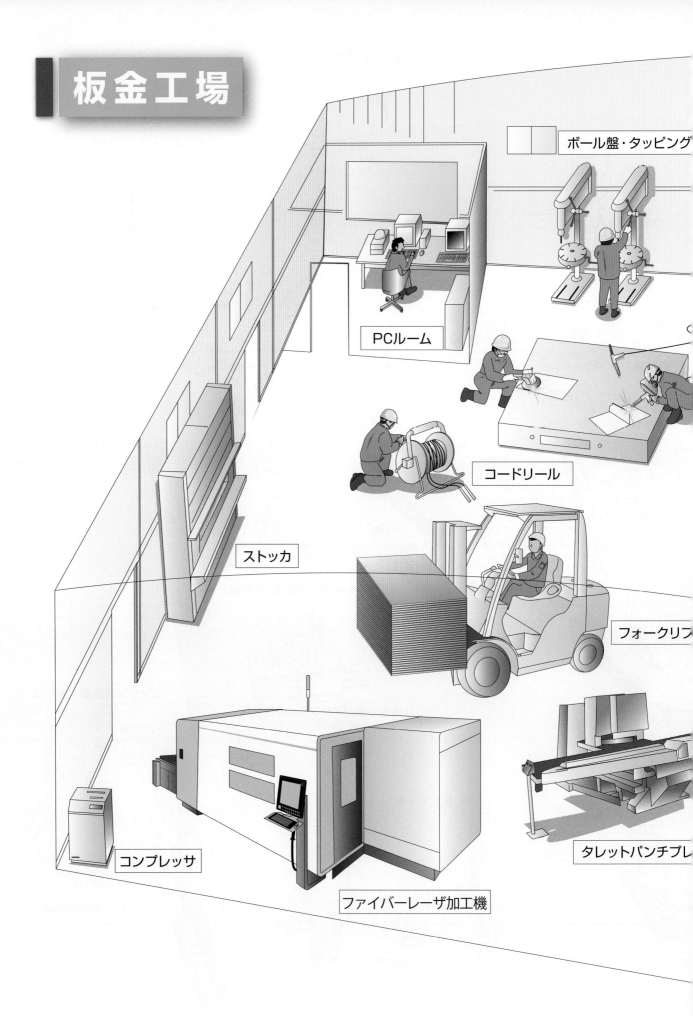

ボール盤・タッピング

PCルーム

コードリール

ストッカ

フォークリフ

コンプレッサ

ファイバーレーザ加工機

タレットパンチプレ

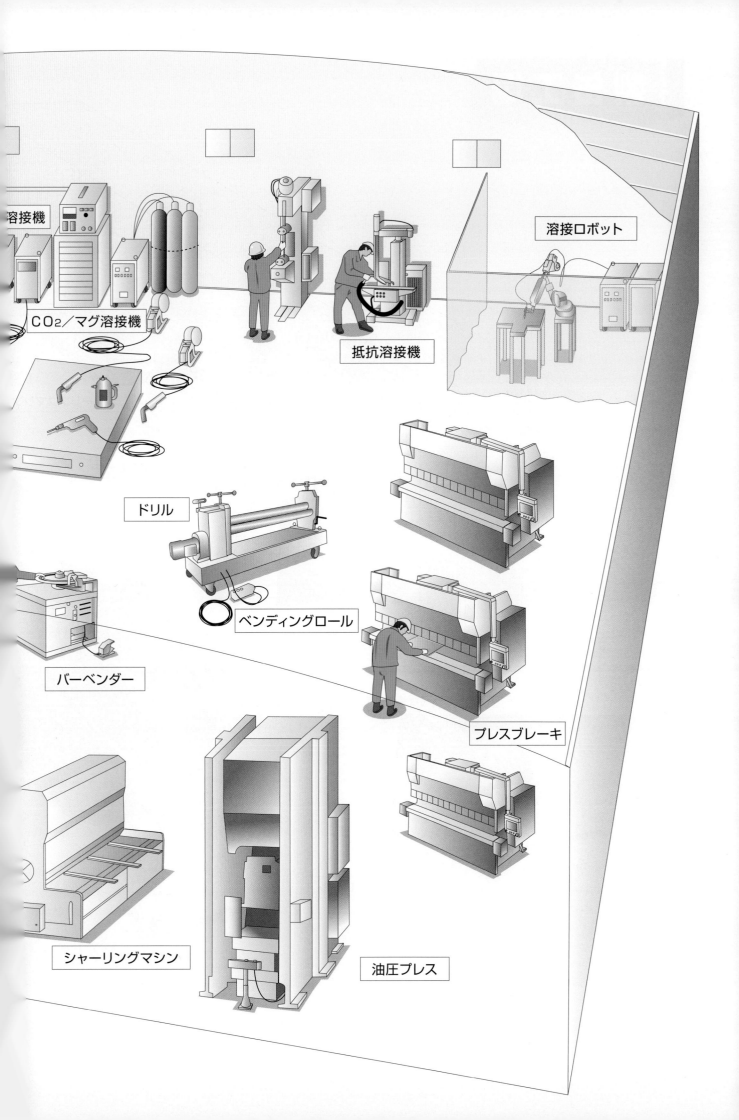

溶接機

CO₂／マグ溶接機

抵抗溶接機

溶接ロボット

ドリル

ベンディングロール

バーベンダー

プレスブレーキ

シャーリングマシン

油圧プレス

製缶工場

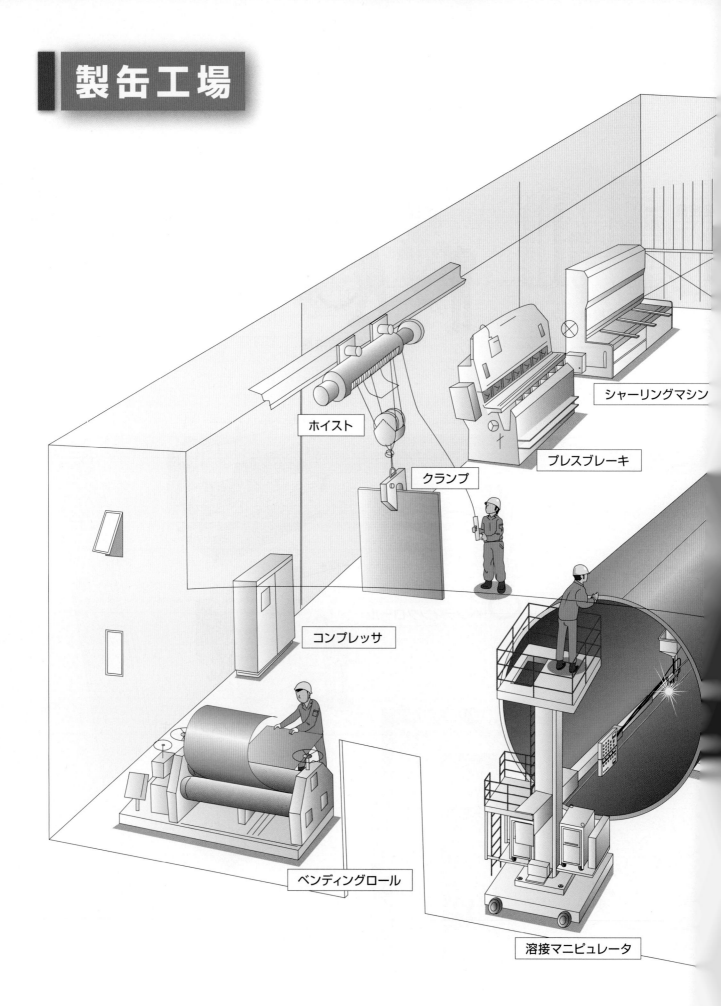

シャーリングマシン

ホイスト

クランプ

プレスブレーキ

コンプレッサ

ベンディングロール

溶接マニピュレータ

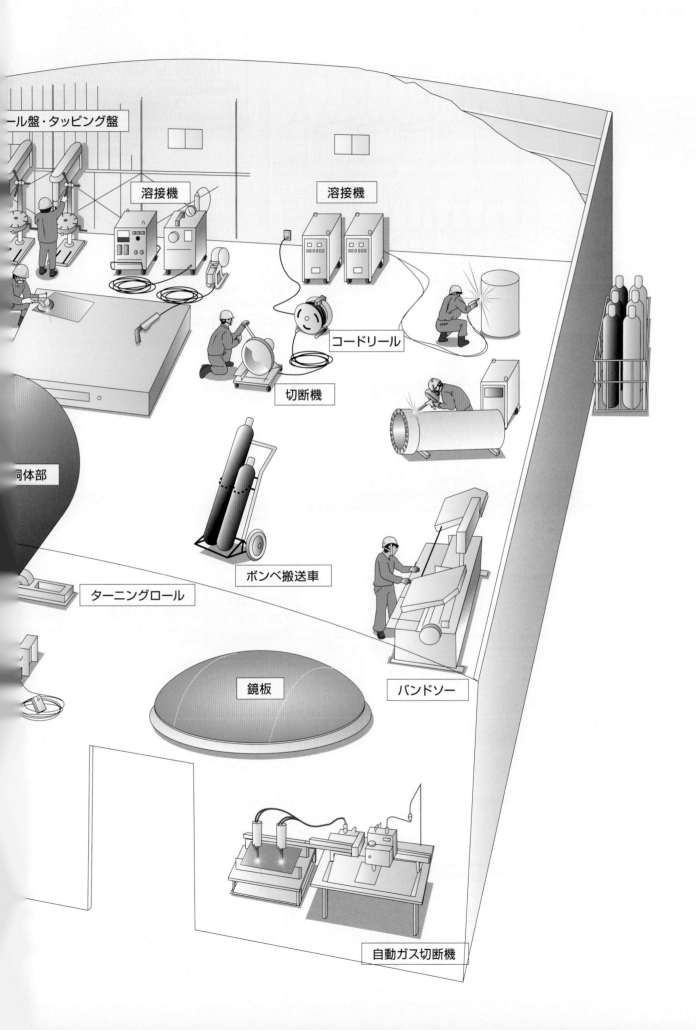

ル盤・タッピング盤

溶接機

溶接機

コードリール

切断機

胴体部

ボンベ搬送車

ターニングロール

鏡板

バンドソー

自動ガス切断機

造船所

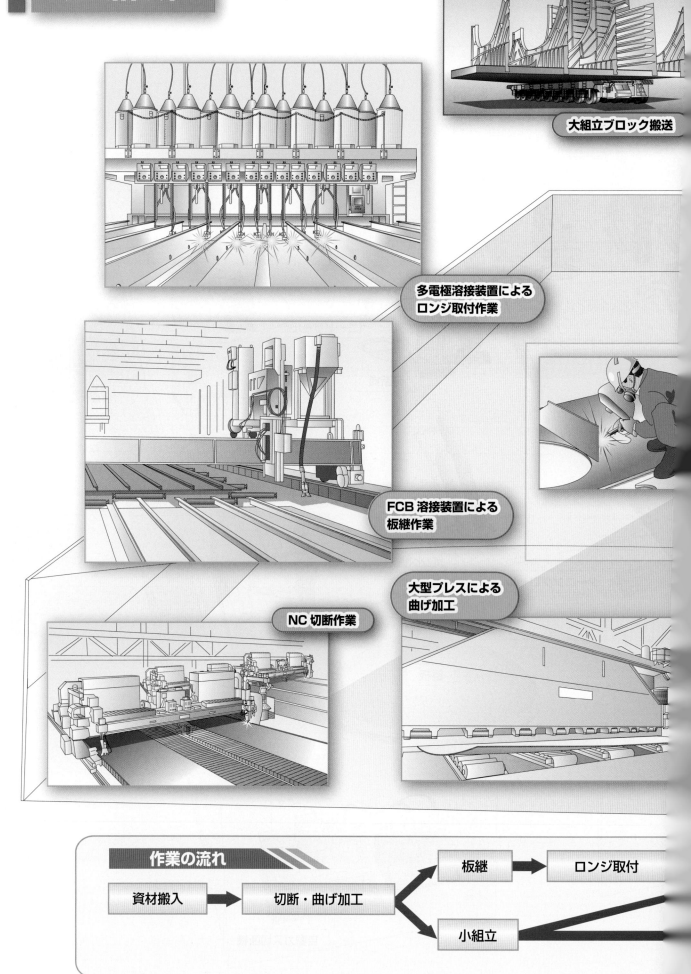

大組立ブロック搬送

多電極溶接装置による
ロンジ取付作業

FCB 溶接装置による
板継作業

大型プレスによる
曲げ加工

NC 切断作業

作業の流れ

資材搬入 → 切断・曲げ加工 → 板継 → ロンジ取付
切断・曲げ加工 → 小組立

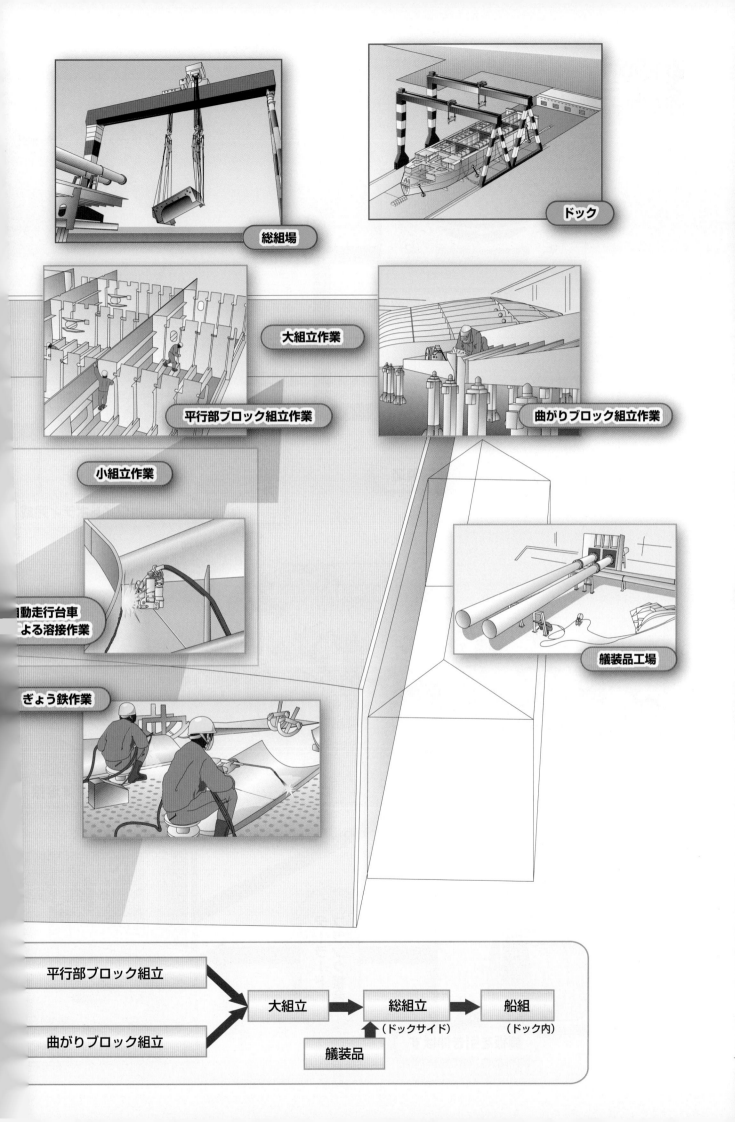

総組場

ドック

大組立作業

平行部ブロック組立作業

曲がりブロック組立作業

小組立作業

自動走行台車
による溶接作業

艤装品工場

ぎょう鉄作業

```
平行部ブロック組立 ─┐
                    ├─→ 大組立 ─→ 総組立 ─→ 船組
曲がりブロック組立 ─┘         （ドックサイド） （ドック内）
                              ↑
                          艤装品
```

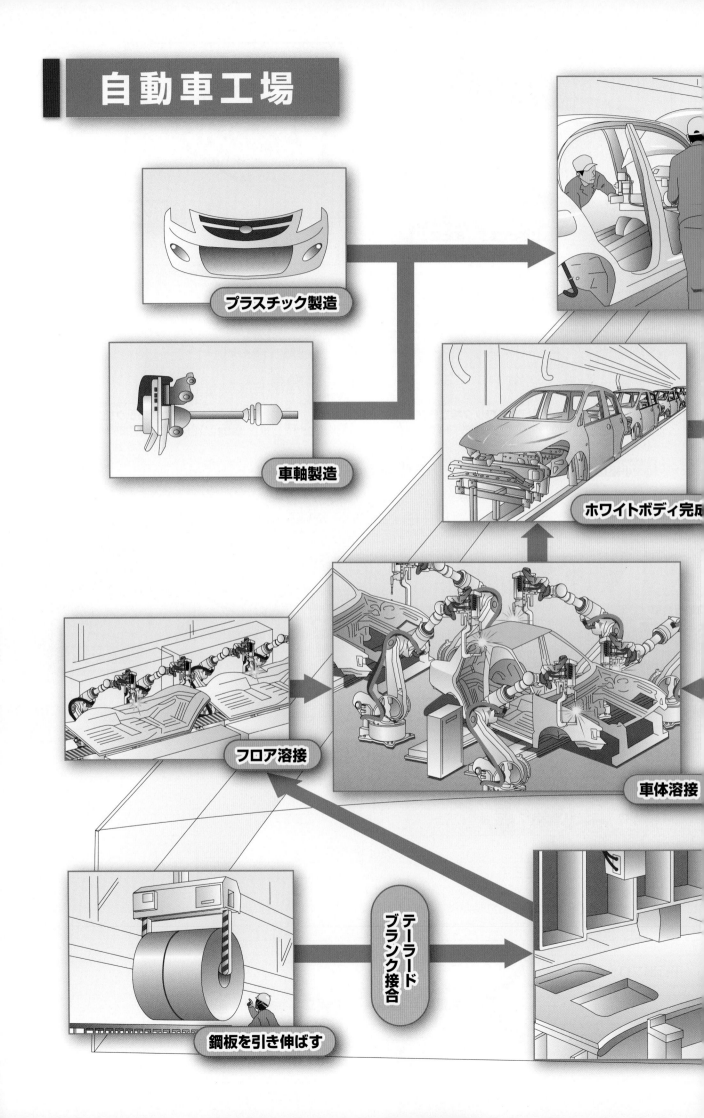

自動車工場

プラスチック製造

車軸製造

ホワイトボディ完成

フロア溶接

車体溶接

鋼板を引き伸ばす

テーラードブランク接合

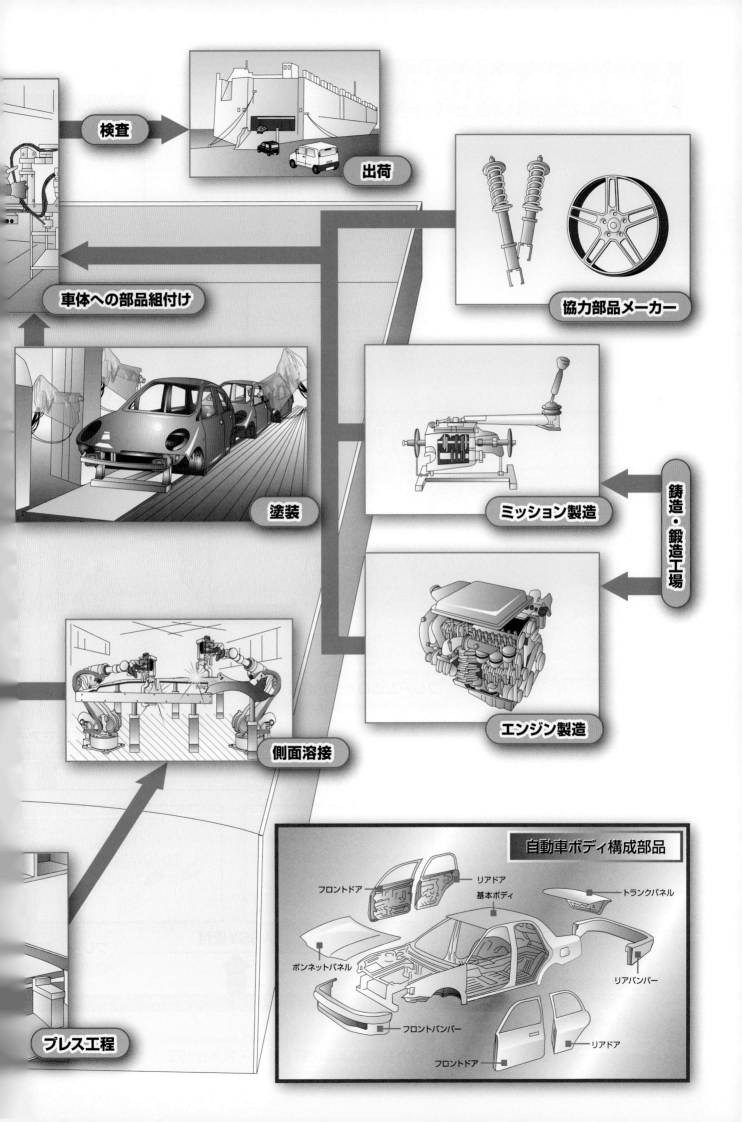

検査

出荷

協力部品メーカー

車体への部品組付け

塗装

ミッション製造

鋳造・鍛造工場

エンジン製造

側面溶接

プレス工程

自動車ボディ構成部品

フロントドア
リアドア
基本ボディ
トランクパネル
ボンネットパネル
リアバンパー
フロントバンパー
リアドア
フロントドア

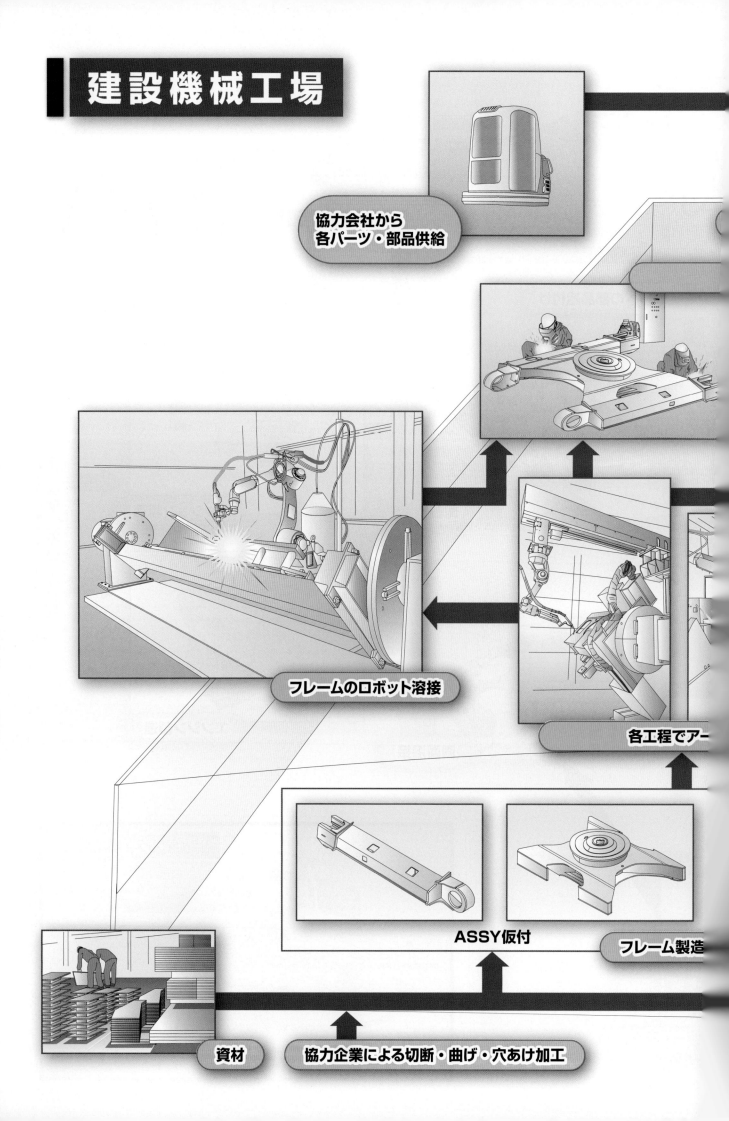

建設機械工場

協力会社から
各パーツ・部品供給

フレームのロボット溶接

各工程でアー

ASSY仮付

フレーム製造

資材

協力企業による切断・曲げ・穴あけ加工

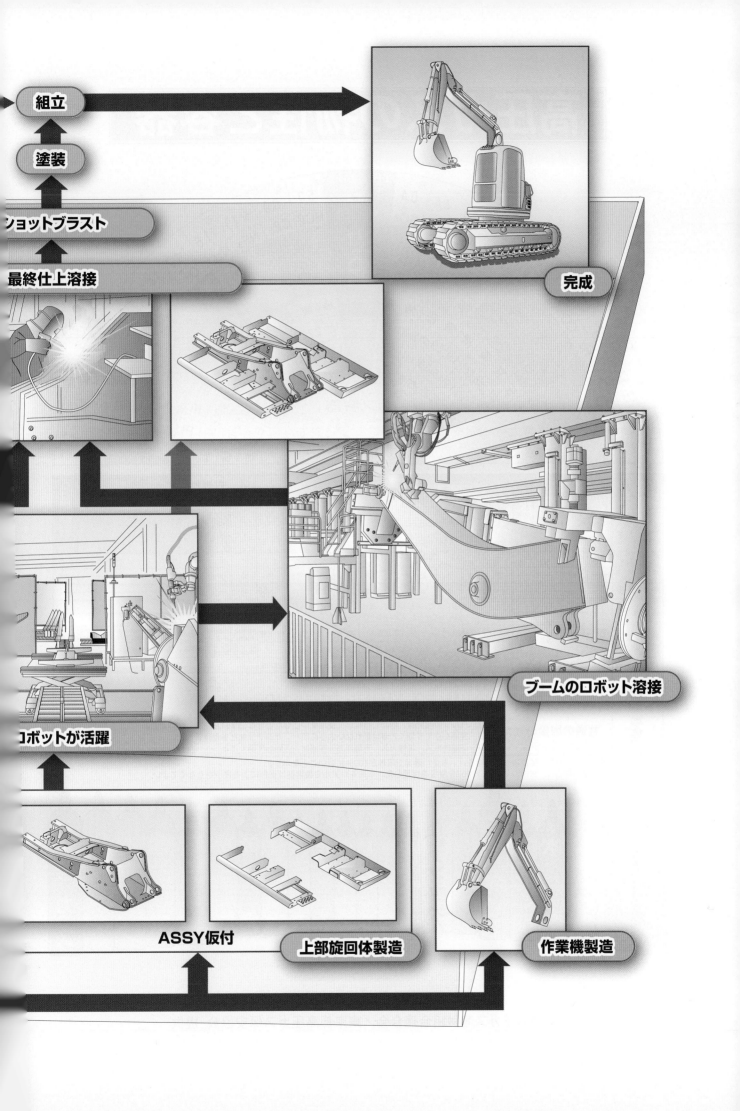

組立

塗装

ショットブラスト

最終仕上溶接

完成

ブームのロボット溶接

ロボットが活躍

ASSY仮付

上部旋回体製造

作業機製造

高圧ガスの物性と容器

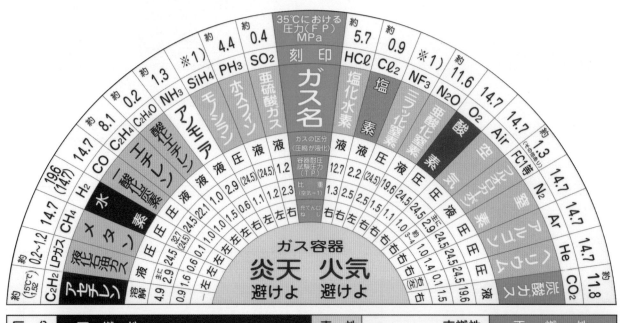

区 分	可燃性				可燃性・毒性				自燃性・毒性		毒性				毒性	支燃性		不燃性				
ガス名・項目	アセチレン	液化石油ガス	メタン	水素	一酸化炭素	エチレン	酸化エチレン	アンモニア	モノシラン	ホスフィン	亜硫酸ガス	塩化水素	塩素	三フッ化窒素	亜酸化窒素	酸素	空気	フルオロカーボン	窒素	アルゴン	ヘリウム	炭酸ガス
爆発限界（空気中容量%）	2.5～100	1.6～11.5	5.3～14.0	4.0～75.0	12.5～70.0	2.7～36.0	3.0～100	15.0～28.0	1.4～※2)	1.6～※2)								一部不燃				
許容濃度（ppm）※3)	—	—	—	—	25	200	1	25	5	0.3	2	2	0.5	10	50							5000
中和剤	—	—	—	—	—	—	水	水	アルカリ水溶液	塩化鉄	アルカリ水溶液	消石灰又はアルカリ水溶液	けい素との反応									
保護具など	—	—	—	—	防毒マスク又は空気呼吸器、保護衣、保護手袋、ゴム長靴、布類、ポリエチレンシート等、工具類、防災キャップ																	
特性・その他	容器は低所に立てて置くこと	漏れガスに低所にたまる。ゴム管の注意点。	無色・無臭		窒息性	麻酔性	刺激性			刺激性					カビ臭	可燃物との接触注意 液化の場合凍傷注意 麻酔性		液化の合凍傷注意	多量に漏れたとき酸素欠乏に注意 液化の場合凍傷注意			バルブの充てん口（取出口）ネジ左右あり	窒息注意
				ガス漏れに注意し、常に検知を怠らないこと。																		
検知	石けん水				石けん水		検知器				アンモニア水・検知器		検知器			石 け ん 水						
注意事項	1. 火気厳禁近くに可燃物を置かないこと。消火器を常備すること。 2. ガス漏れに注意すること。 3. 摩擦熱や空気乾燥時の静電気現象（着火）に注意すること。（可燃性ガスについて）															左項1.を守ること。						
共通の取扱いかた	1. 充てん容器は、常に温度40度以下に保つこと。 2. バルブの開閉は、静かに行ない、使用を中止したときは必ずバルブをしめること。 3. 容器を立てて置くときは倒れないようにロープかクサリなどをかけること。 4. 可燃性ガス、毒性ガス、支燃性ガス容器は、区別して置くこと。																					

注 ※1）充てん圧力は充てん量によって異なる。 ※2）爆発上限界が100%に近いことを示す。
※3）許容濃度の数値は、米国のACGIHの2007年度版を採用した。 ※4）アルミ製容器は塗色による表示をしなくてよい。

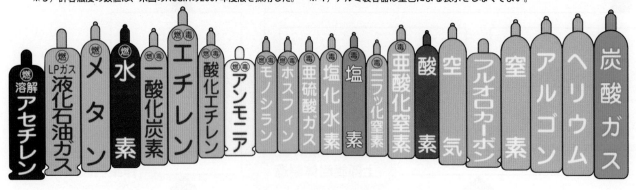

全国高圧ガス溶材組合連合会／東京都高圧ガス保安協会 提供

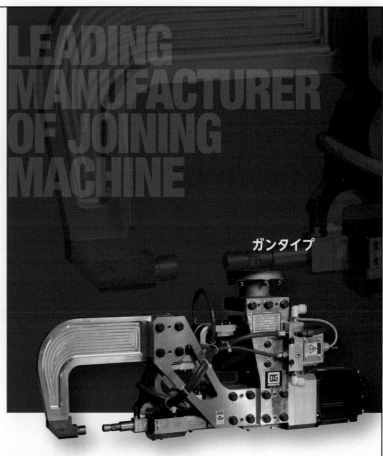
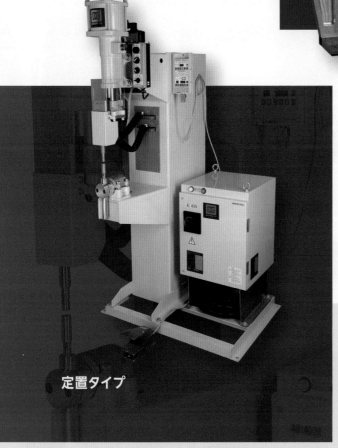

接ぎの技術を次々と

現場のニーズに応える総合メーカー

IKURATOOLS

育良精機株式会社

ホームページは
こちらから

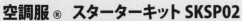

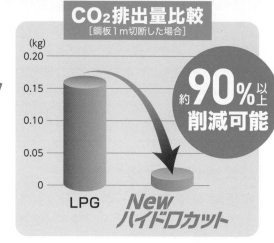

受け継がれてきた、世界基準

CARRYING ON A TRADITION OF GLOBAL STANDARDS

WELDING CONSUMABLES

溶接材料

被覆アーク溶接棒
フラックス入りワイヤ
ＴＩＧ溶接材料
ＭＩＧ溶接ワイヤ
サブマージアーク溶接材料

CHEMICAL PRODUCTS

ケミカル製品

探傷剤
ー カラーチェック・ケイコーチェック
探傷機器・装置
磁粉
漏れ検査剤
ー モレミール・リークチェック

溶接関連ケミカル品
ー スパノン・シルバー
洗浄剤・潤滑剤・酸洗剤
電解研磨装置・研磨液

株式会社タセト　TASETO Co., Ltd.

本社　〒222-0033　神奈川県横浜市港北区新横浜 2-4-15
TEL：045-624-8913　FAX：045-624-8916

www.taseto.com

●札幌支店
TEL：011-281-0911

●東北支店
TEL：022-290-3603

●関東支店
TEL：048-767-8507

●東京支店
TEL：045-624-8952

●名古屋支店
TEL：052-746-3737

●大阪支店
TEL：06-6190-1911

●岡山支店
TEL：086-455-6161

●広島支店
TEL：082-962-2730

●福岡支店
TEL：092-291-0026

●海外部
TEL：045-624-8980

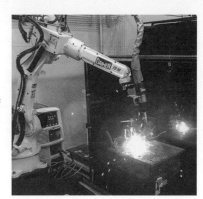

ものづくりを、
叶える星に。

お菓子のパッケージから水素自動車まで。

製造業・ものづくりに欠かせないガスを、私たちは届けています。

企業や官公庁の研究機関から工場の製造ラインまで、

産業や社会の発展を、私たちは支えています。

私たちの歴史は、日本の産業ガスの歴史そのもの。

これからも、ガスの専門商社・メーカーとして、技術の革新を支え、

ものづくりを叶える星になる。

それが私たち鈴木商館の使命です。

 鈴 木 商 館

本社 〒174-8567 東京都板橋区舟渡1丁目12番11号
TEL：03(5970)5555　FAX：03(5970)5560
URL　https://www.suzukishokan.co.jp

詳しくは
こちらから

団結

溶接とは、つなぐこと。つながること。
私たちはこのフィールドに心血を注いできた。
人と人も同じ。溶け込み、混じり合うことで強くなる。

MAC Mutual 【相互の・共同の】
Assistance 【援助・助力】
Cooperation 【協力】

信頼のブランド"MAC"

MACはマツモト産業の企業理念に商標にしたものです。
この商標には、製品を売る人、買う人が一体となって時代の
要求に応えていきたいとする願いが込められています。

本 社
〒550-0004 大阪市西区靱本町1-12-6 マツモト産業ビル
TEL.06-6225-2200（代表） FAX.06-6225-2203

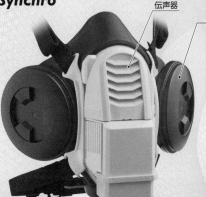

  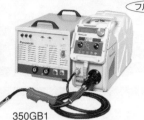 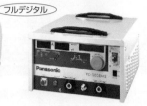

これだけは知っておきたい
基礎知識

溶接材料の基礎知識

金子　和之

コベルコ溶接テクノ株式会社　CS推進部CSグループ

1．はじめに

溶接は，被接合材料に局部的にエネルギーを与え接合する方法である。1801年のアーク発見，1881年のアーク溶接法発明より，様々なエネルギーを用いた溶接法が開発されている。近年では溶接材料はもとより，溶接電源・ロボットも日覚ましい発展を遂げている。

主要産業である，建築鉄骨・造船・自動車・橋梁・建設機械などでは溶接を用いる。今回は溶接の基本となる材料の選定，代表的な溶接材料，取扱方法を紹介する。

2．溶接材料の選定方法

最も身近な接合法である接着剤でも，木材・プラスチック・紙・ゴム用と被接着物ごとに多くの種類がある。溶接材料も被溶接物＝母材（鋼材など）に合わせて開発されており，その選定が重要である。溶接が適用できる材料には鉄鋼材料やアルミニウム・チタン等の非鉄金属など，数多くの種類がある。

一般的に溶接金属を含む溶接部には母材と同等以上の性能が要求される。そのため溶接材料は母材に合わせJISが整備されている（**表1**）。

溶接方法の選定は①製作物の大きさ②板厚③溶接姿勢④溶接長⑤溶接金属の要求性能⑥生産数量⑦工場の溶接設備などから，能率・コストなどを考慮して行う。また溶接材料の選定には，母材のJISを明確にする必要ある。図面や指示書などから鋼材のJISがわかれば，溶接材料の規格は選定できる。しかし，**表1**のJISは基本的な機械的性質・化学成分のみが示され，実際には各溶接材料メーカーの銘柄を決める必要がある。特に，軟鋼・490MPa級鋼用では同規格で数多くの銘柄があり，それぞれ特徴がある。そこで各メーカーのカタログなどで用途・特徴・使用上の注意点などを十分確認する必要がある。

表1　溶接材料のJISの規格番号（ただし、頭のJISを省略して表記　例:JIS　Z3319　⇒Z3319）

被溶接材の種類	鉄鋼 JISの一例	被覆アーク溶接	マグ溶接・ミグ溶接 ソリッド	マグ溶接・ミグ溶接 フラックス入りワイヤ	エレクトロガスアーク溶接	ティグ溶接	サブマージアーク溶接	エレクトロスラグ溶接
軟鋼・490MPa級高張力鋼	SS400 SM400A～C、SM490A～C SN400A～C、SN490A～C	Z3211:2008	Z3312:2009	Z3313:2009	Z3319:1999	Z3316:2017	ワイヤ　Z3351:2012 フラックス Z3352:2017 溶接金属 Z3183:2012	Z3353:2013
570～780MPa級高張力鋼	SM570 SPV490	Z3211:2008	Z3312:2009	Z3313:2009	Z3319:1999	Z3316:20117	ワイヤ　Z3351:2012 フラックス Z3352:2017 溶接金属 Z3183:2012	Z3353:2013
耐候性鋼	SMA400A(～C)P SMA400A(～C)W	Z3214:2012	Z3315:2012	Z3320:2012	＊2	＊1	ワイヤ　Z3351:2012 フラックス Z3352:2017 溶接金属 Z3183:2012	＊2
低温用鋼 (9%ニッケル鋼は除く)	SLA325A(～B)、SLA365 STPL380, STPL450	Z3211:2008	Z3312:2009	Z3313:2009	＊1	Z3316:2017	＊1	＊2
9%ニッケル鋼	SL9N520、SL9N590	Z3225:1999	Z3332:2007	Z3335:2014	＊2	Z3332:2007	ワイヤ　Z3333:1999 フラックス Z3333:1999	＊2
低合金耐熱鋼	SCMV 1～4 STPA 20, 22, 23, 24	Z3223:2010	Z3317:2011	Z3318:2014	＊2	Z3317:2011	ワイヤ　Z3351:2012 フラックス Z3352:2017 溶接金属 Z3183:2012	＊2
ステンレス鋼	SUS304, SUS316	Z3221:2013	Z3321:2013	Z3323:2007	＊2	Z3321:2013 Z3323:2007 ＊4	ワイヤ　Z3321:2013 フラックス Z3352:2017 溶接金属 Z3324:2010	＊2
アルミニウム・アルミニウム合金	A5083, A6N01	＊1～＊3	Z3232:2009	＊3	＊3	Z3232:2009	＊3	＊3
チタン・チタン合金	TP340C TTH340WC	＊3	Z3331:2011	＊3	＊3	Z3331:2011	＊3	＊3

＊1溶接材料あるがJISがない

＊2溶接法の適用実例殆どなく市販されている溶接材料はない

＊3現状では、溶接法の適用困難

＊4フラックス入り溶加棒(裏波溶接用)

3．主な溶接法について

代表的な溶接法とその特徴を以下に説明する。

①被覆アーク溶接（手溶接）

溶接電源と被覆棒のみの構成で，溶接時に被覆剤（フラックス）が溶融しその分解ガスでアークおよび溶接金属を大気から遮断（シールド）するため，比較的風に強く屋外の現場溶接に適する。一方で，能率が低く自動化が難しいこと，技量を要するため日本ではガスシールドアーク溶接への切り替えが進み，今日では全溶接材料の10％程度を占めるのみである。

②ガスシールドアーク溶接法

ソリッドワイヤやフラックス入りワイヤ（以下FCW）を用い，炭酸ガスやアルゴンなどでシールドをする。被覆アーク溶接に比べ高能率で，連続溶接が可能で自動化に適するため，現在では全溶接材料の約8割を占める。一方で風に弱く，防風対策が必須となる。

なお，シールドガスに炭酸ガスや炭酸ガスとアルゴンを混合し用いる溶接をマグ溶接，アルゴンなど不活性ガスを単独で用いる溶接をミグ溶接と呼ぶ。

③サブマージアーク溶接法

フラックスを溶接線に散布しワイヤを供給，母材とワイヤ先端の間にアークを発生させて溶接する。大電流・多電極溶接が可能で，非常に高能率な施工法。ただし，溶接姿勢が下向・横向に限定され，また複雑な溶接線に適用できないため，主に造船・鉄骨・橋梁・造管など，溶接線が長い厚板の溶接に適用される。

④ティグ（TIG）溶接法

アルゴンなど不活性ガス雰囲気中で，タングステン電極と被溶接物の間にアークを発生させ，母材や溶加材を溶かし溶接する。ビード外観が美麗でスパッタ，ヒューム，スラグがほとんど発生せず，高品質な溶接が可能。反面，能率が低く技量を要する。配管，極薄板，金型や補修溶接などが主な用途である。アルミやチタンなどの溶接も可能である。

⑤セルフシールドアーク溶接

シールドガスを使用せず，ワイヤ中のフラックスの分解ガスでシールドし溶接する。交流または直流の溶接電源を用い，アーク電圧制御方式により太径ワイヤ（2.4〜3.2mm）を用いるものと，ワイヤの定速送給制御方式により細径ワイヤ（1.2〜2.0mm）を用いるものとがある。風に強いことから主に屋外での溶接に使用される。

4．被覆アーク溶接棒（被覆棒）の種類と使い方

被覆棒は，心線と呼ばれる鉄線に鉱石などの原料粉末と，固着剤として使用される水ガラスを混練し均一に塗布した後，炉で乾燥させ生産する。大別すると，被覆系により低水素系とその他の系統に区分できる。

低水素系以外の系統の被覆棒は，主にでんぷんやセルロースなどの有機物の分解ガスでシールドするが，この分解ガスは溶接部の低温割れの原因となる水素を多く含む。一方，低水素系は，被覆剤に多量に配合される炭酸石灰の分解温度ははるかに高く，高温での乾燥が可能で「拡散性水素量」を更に低減できる。しかし分解温度が高い分，アークスタート直後には十分なシールドガスが発生せず，スタート部近傍にブローホール（ビード表面に開口していない気孔欠陥）が発生する危険性がある。このため，後戻り法（通称バックステップ法）などのスタート方法で欠陥防止対策を行う必要がある。

一方，低温割れの危険性のないオーステナイト系ステンレス用を除き，高強度で溶接部の低温割れの危険性が高い高張力鋼・低合金耐熱鋼・低温用鋼用被覆棒は低水素系である。軟鋼でも，板厚が20mmを超える場合は低水素系を使用することが望ましい。

代表的な種類の特徴は，以下のとおりである。なお，規格記号の「E」はエレクトロードの頭文字，「43」は溶着金属の引張強さの下限値430MPaを表している。

1）イルミナイト系（JIS Z 3211　E4319）

被覆剤に30％のイルミナイト鉱物を含む。日本で開発され広く使われており，アークはやや強く溶込みは深く，全姿勢で良好な作業性を有する。低水素系以外ではX線性能・耐割れ性に最も優れ，溶接作業性重視の［B-10］，X線性能などの性能重視の［B-17］，中間的な［B-14］などがある。

2）ライムチタニア系（同E4303）

被覆剤に高酸化チタンを約30％，炭酸石灰などの塩基性物質を約20％含み，日本で最も多く使用されている。耐ブローホール性以外はイルミナイト系とほぼ同等の性能で，溶込みはイルミナイト系より浅くスラグはく離性も良好。水平すみ肉溶接でビードの伸びが良い［Z-44］と，立向姿勢の作業性が特に良好な［TB-24］などが代表銘柄である。

3）高酸化チタン系（同E4313）

被覆剤に酸化チタンを約35％含み，溶接作業性に重

点をおいている。溶込みは浅く低スパッタ，美しい光沢のあるビードが得られる。溶接金属の延性・じん性が他系統より劣り，主に薄板溶接に使用される。化粧盛（多層溶接の仕上げ層のみに使用）に適した［B-33］，立向下進溶接の作業性が良好な［RB-26］などがある。

4）低水素系（同 E4316）

高温乾燥で溶接金属中の水素量を低減できるため，厚板や拘束度の大きな部材の溶接に適している。鉄粉添加で高能率の［LB-26］，全姿勢での溶接性に優れ JIS 評価試験用としても定評のある［LB-47］，裏波溶接用の［LB-52U］，溶接競技会用の長尺棒［LB-47・52U 3.2 φ x 450L］などがある。また，開封後の初回乾燥が省略可能な 2kgアルミ包装品［LB-50FT,LB-24,LB-M52,LB-52T］もラインナップされた。

なお，特殊系ではニーズの高い亜鉛めっき鋼用の［Z-1Z］（E4340）もラインナップされている。

5. フラックス入りワイヤの 使い方

ガスシールドアーク溶接は溶着速度が高く連続溶接が可能なため，日本では主要な溶接法となっている。

ガスシールドアーク溶接用には『ソリッドワイヤ』と『フラックス入りワイヤ』の 2 種類ある。ソリッドワイヤは全体が金属だけのワイヤで，FCW はフラックスが金属の皮に包み込まれている。被覆棒と同様，フラックスを調整することで特徴の異なるワイヤを作ることができる。

軟鋼・490MPa 級鋼用 FCW を大別すると，JIS Z 3313 T49J0T1-1CA-U に分類されるルチール系（またはスラグ系）と T49J0T15-0CA-U に分類されるメタル系の 2 つがある。ルチール系には，全姿勢溶接が可能な［DW-Z100］，水平すみ肉溶接でビード形状が良好な［DW-Z110］，高電流で立向上進溶接が可能な［DW-100V］，1 パスで 10mm 程度の大脚長水平すみ肉溶接が可能な［DW-50BF］などがある。メタル系には，薄板で溶落ちしにくい［MX-100T］，厚板用で高能率かつ深溶込みの［MX-50K］がある。またスラグ系には塗装鋼板（プライマー鋼板）で耐ピット性が良好な［MX-Z200］，更に適用範囲を薄板側に広げた［MX-Z210］，黒皮鋼板向けすみ肉専用でアークが安定，ビードの止端が揃う［MX-Z50F］などもある。

FCW の選び方を**図1**に示す。構造物の種類・板厚・溶接姿勢・鋼板の表面状態など使用条件と要求性能から，最適なワイヤを選ぶことが溶接部の健全性，溶接能率・コストの両面から重要である。

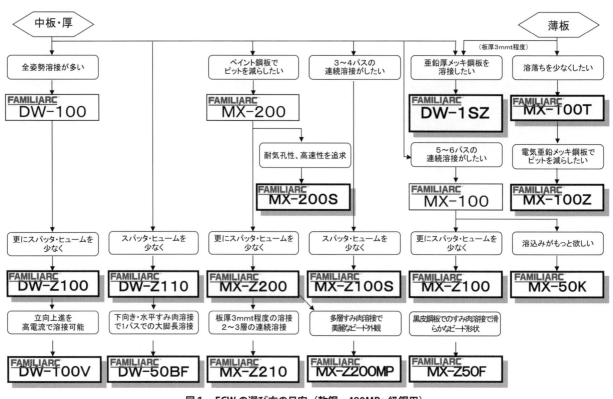

図1　FCW の選び方の目安（軟鋼・490MPa 級鋼用）

6. ソリッドワイヤの種類と使い方

ソリッドワイヤには，表面に銅めっきを施したタイプと銅めっきをせず特殊表面処理を施したタイプがある。

軟鋼・490MPa級鋼用ソリッドワイヤは，JIS Z 3312に規格化されており，シールドガス CO_2 ／大電流用 YGW11 [MG-50]，CO_2 ／小電流用 YGW12 [SE-50T，MG-50T]，Ar-CO_2（混合ガス）／大電流用 YGW15 [MIX-50S，SE-A50S]，Ar-CO_2 ／小電流用 YGW16 [SE-A50] に区分される。

建築鉄骨用には大入熱・高パス間温度の溶接に使用可能な 550MPa（550N/mm^2）級鋼用 YGW18 [MG-56]，またロボット溶接用に [MG-56R] がラインナップされている。

自動車など薄板溶接のロボット溶接では，極低スパッタ技術としてワイヤ送給制御溶接法の適用が進むなか，チップ摩耗によるアーク不安定化に伴う溶接品質悪化が課題となっている。[MG-1T(F)]（YGW12）は特殊なワイヤ表面処理により耐チップ摩耗性を改善し，ワイヤ送給性やアーク安定性に優れる。低スラグタイプの [MG-1S(F)] もラインナップされている。

7. 銅めっきなしマグ溶接用ソリッドワイヤの特徴

ソリッドワイヤには，通電性と送給性を確保のため銅めっきが必須とされていた。「めっきなしワイヤ [SE ワイヤ]」は，銅めっきに代わり特殊表面処理を施し，これまでにないアーク安定性とめっき屑トラブル解消を可能にした（**図 2-1,2**）。

銅めっきワイヤは一見均一で緻密な表面状態だが，めっき表面を顕微鏡などで観察すると，**図3** のように鉄の地肌が散見され，銅のめっき層が完全には表面を覆っていないことがわかる。この不連続状態が通電抵抗を変化させ，アーク不安定化に繋がる。また，銅めっきが送給ローラやライナに削られ，めっき屑としてチップ

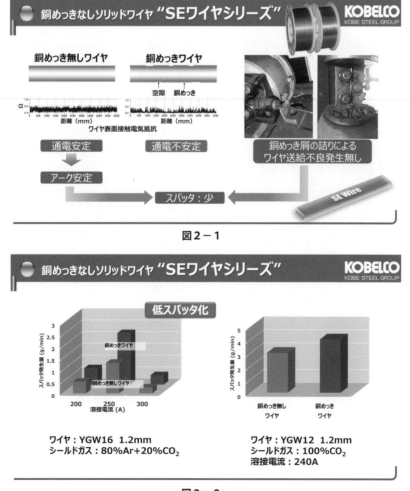

図 2 ー 1

図 2 ー 2

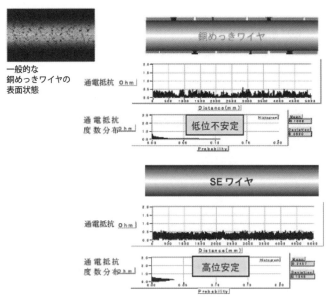

図3 銅めっきワイヤとSEワイヤの長さ方向断面状態の模式図と表面通電抵抗の測定結果

や送給経路内に蓄積しチップ融着の原因にも繋がる。

特に低電流CO_2用［SE-50T］（YGW12）や混合ガス用［SE-A50］（YGW16）は低スパッタで，適正条件範囲が広い点などが評価され，自動車などの薄板業界で広く使用されている。

パルスマグ溶接用には，亜鉛めっき鋼板にも使用可能な[SE-A1TS]，高速性・耐アンダカット性・低スラグ性に優れ，ビード形状も良好な[SE-A50FS]，またCO_2用で亜鉛めっき鋼板用[SE-1Z]などがある。

8. 溶接材料の取扱いについての注意点

溶接材料の性能を発揮させるには取扱いや保管方法が重要である。被覆棒は被覆剤を心線に固着させており，強い衝撃で被覆剤が破損・脱落する。また被覆剤は吸湿するため溶接前の乾燥が重要で，特に低水素系は，その性能を発揮させるために適正温度・適正時間の乾燥が必須となる。ただし必要以上の温度・時間での乾燥は，ガス発生剤が分解し性能を損なうため，乾燥条件の管理も重要となる。銘柄ごとに乾燥条件が異なるのでカタログなどで確認する必要がある。

ワイヤを巻くスプールは合成樹脂製で，衝撃に弱く投げたり落としたりすると変形し，ワイヤの食い込みやスプール割れにより送給困難となるため，運搬時には注意が必要である。

溶接材料の保管には，雨や雪・直射日光などを避けられる屋内で保管し，直接床面に置かず木製パレットに積み，かつ壁からも離す。ただし，外装箱がつぶれるような過剰の積み上げは厳禁である。湿気が低く，風通しの良い場所で保管する，潮風など錆の発生しやすい場所は避ける，などに留意が必要である。

9. おわりに

これらは溶接の世界の入口である。溶接材料や溶接施工に関して疑問点などがあれば，（株）神戸製鋼所溶接事業部門の各営業室，あるいは私たちCSグループまでお問い合わせ頂ければ幸甚である。

溶接機・溶接ロボットの基礎知識

米谷　優一

パナソニック コネクト株式会社　プロセスオートメーション事業部
カスタマーサクセスコアセンター　業界マーケティング部　プロセスエンジニアリング課

1．はじめに

　本稿では，これから溶接業界に加わる皆様にとって必要な溶接機・溶接ロボットの基礎知識の解説と，最近の動向を紹介する。

2．主な接合法と溶接の分類

　金属の主な接合方法には，リベットやボルトなどを用いて力学的なエネルギーで部材を接合する「機械的接合」，接着剤や樹脂などを用いて化学的なエネルギーで部材を面で接合する「化学的接合」と，ガス炎やアークの熱を用いて冶金的に接合する「冶金的接合（溶接）」がある（**図1-1**）。

　溶接とは，2個以上の部材に局所的なエネルギーを加え，さらに必要に応じて適当な溶加材を加えて接合する方法であり，主に3つに分類される（**図1-2**）。

①融接

　接合部を加熱，溶融させて接合する方法

②圧接

　接合部を加熱し，そこに圧力をかけて接合する方法

③ろう接

　母材より低融点の溶加材を添加し接合する方法

3．アーク溶接

　融接に分類されているアーク溶接は，さまざまな産業分野で広範囲に使用されている接合方法であり，**図2**のように分類される。

　また，アークは高温（約6000～20000℃）であるため，ほとんどの金属を溶かすことができる。

　アーク溶接のうちシールドガスを用いて溶接部を大気から保護するガスシールドアーク溶接は，自動化やシステム化などにも容易に対応できることから現在の主流となっている。

　ガスシールドアーク溶接は，アークを発生する電極の特性によってさらに分類され，電極をほとんど溶融させない「非溶極式（非消耗電極式）」溶接と，電極が連続的に溶融する「溶極式（消耗電極式）」溶接の2つに大別される（**図3**）。前者はティグ溶接，後者はマグ/ミグ溶接が代表例である。

機械的接合	化学的接合	冶金的接合（溶接）		
		(a) 融接	(b) 圧接	(c) ろう接
リベット ボルト接合	接着	アーク溶接	抵抗溶接	炎ろう付

図1-1　接合方法の分類（一例）

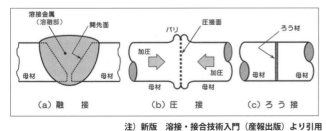

注）新版　溶接・接合技術入門（産報出版）より引用

図1-2　冶金的接合の種類

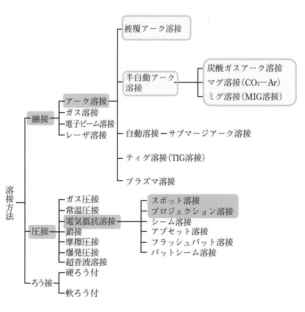

図2　溶接方法の種類

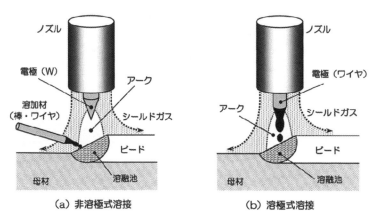

（a）非溶極式溶接　　　　　　　（b）溶極式溶接

図3　非溶極式と溶極式

注）新版　溶接・接合技術入門（産報出版）より引用

4．代表的なアーク溶接法の種類と特徴（図4）

・被覆アーク溶接（溶極式）

被覆アーク溶接は，金属芯線に被覆材（フラックス）を塗布した被覆アーク溶接棒を電極とする溶接法である。

フラックスが溶融する際に発生するガスやスラグにより溶融金属を大気と遮断し溶融金属を形成する。

・マグ／ミグ溶接（溶極式）

マグ／ミグ溶接は，半自動溶接とも呼ばれ自動送給されるワイヤ（Φ0.8～1.6mm程度）と母材との間にアークを発生させて溶接する方法である。

アークと溶融金属は，溶接法に適応したシールドガスで保護する必要がある。

・ティグ溶接（非溶極式）

ティグ溶接は，シールドガスにアルゴンやヘリウムなどの不活性ガスを使用し，高融点金属であるタングステンやタングステン合金を非溶極式電極とし，電極と母材との間にアークを発生させ溶接をする方法である。溶着金属が必要な場合は，溶加材（溶加棒またはワイヤ）を別途添加しながら溶接を行う。

5．溶接機の種類と特徴

アーク溶接機では出力制御を行う方式の違いにより，「サイリスタ機」と「インバータ機」がある。

サイリスタ機はサイリスタという素子を使用し電流・電圧を制御する。インバータ機はスイッチング素子（トランジスタ・IGBTなど）を使用しており，より精密な制御ができるように進化しており，アークの安定性や溶接品質の向上に有利となっている。

■サイリスタ機の制御回数　100～300回／秒

応答速度も遅く，作業性改善には限界もあるが，簡易的なものや大電流環境に使用されており，根強い需要がある。

■インバータ機の制御回数　数万～10万回／秒

高周波交流を制御しているので高速制御が可能になり，アークスタート・パルス立上げ／立下げが迅速にできて溶接性が改善される上，電源の小型軽量化が図れる。

6．アーク溶接機の構成

現在，最も多く普及しているマグ／ミグ溶接機を例に装置の基本構成を紹介する（図5）。

・溶接電源
・ワイヤ送給装置

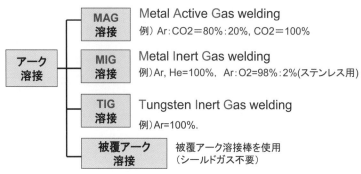

図4　アーク溶接の種類

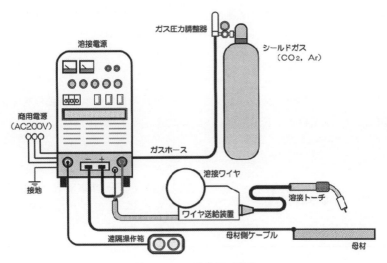

図5　アーク溶接機の構成

注）新版　溶接・接合技術入門（産報出版）より引用

・溶接トーチ
・遠隔操作箱（リモコン）
・シールドガス
・ガス圧力調整器
・溶接ワイヤ

7．最新の溶接機

　従来のアナログ制御ではなく，制御のすべてをデジタルで行う溶接機が開発され溶接機能の向上と汎用性が広がっている（**図6**）。

　これにより，使い易さや溶接品質の向上はもとより自動機やロボットとの接続も容易となり，世界的に普及が拡大している。

8．溶接ロボットの概要

　わが国のロボット産業は，現場の生産効率の向上を主目的に80年代から急速な成長を遂げ，特に自動車産業を中心にさまざまな分野で普及が推進されてきた。その中でも3K（きつい，汚い，危険）の代名詞と言われる溶接現場の自動化には高いニーズがあり，ロボット産業

の拡大に大きく貢献している。

9．求められる性能

　溶接ロボットに求められる性能としては
①生産性向上
②生産コストの低減
③品質の安定化
④溶接作業者を3Kから解放
⑤溶接施工履歴の管理
　といった項目が挙げられる。

　溶接ロボットが使用される主な溶接法には，アーク溶接とスポット溶接がある。アーク溶接は，高熱と有害な紫外線やヒュームが発生する過酷な作業環境であり，また，自動車業界で多用されているスポット溶接は重量のあるガンを使用することから産業用ロボットのニーズが最も高い作業の1つである。

　溶接ロボットの業種別需要は自動車関連が圧倒的に多く，自動車産業が溶接ロボットの発展に大きく貢献してきたと言える。自動車産業で溶接ロボットが多く使われている理由は，**図7**に示すとおり，ロボットが比較的単

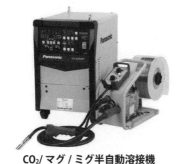

CO₂/ マグ / ミグ半自動溶接機

ティグ溶接機

図6　フルデジタル溶接機

	作業者(人)	ロボット	特記事項
溶接品質の安定性	×	○	経験に依存しない（高品質を維持）
生産性の向上	×	○	高速動作・溶接でタクト短縮
人材採用	×	○	人材不足や作業者の離職
長時間作業	×	○	深夜作業/残業（法的な問題）
一品物の生産	○	×	教示作業が必要（効率が悪い）
精度の悪いワーク	○	△	センサー等で位置補正が必要

図7　溶接技能者と溶接ロボットの得意分野の比較

純なワークを安定した品質で大量に生産することに適しているからである。反面ばらつきのある材料や1品物のワークなどに適用するには課題が多く，多品種少量生産のワークへの普及を妨げている。しかし昨今では各種センサやシミュレーションソフト，オフラインプログラミングの技術開発の進歩により，溶接ロボットが不得意としていた精度の悪いワークや1品物のワークに対する適応性が拡大してきている。

10. 溶接ロボットの構成

図8に溶接ロボットの一例として，弊社アーク溶接専用ロボット TAWERS のシステム構成を紹介する。

（1）アーク溶接ロボットのマニピュレータは，一般的に 4kg 可搬から 10kg 可搬のクラスで，6軸の垂直多関節ロボットが多く使われている。最近は複雑な溶接箇所に対して有効な7軸タイプのロボットや1つのワークに対して複数台のロボットを使うシステムもある。

溶接ロボットにはトーチケーブル非内蔵タイプと内蔵タイプがあり，トーチケーブル非内蔵タイプはトーチのメンテナンス性が良く，トーチケーブル内蔵タイプは形状が複雑なワークの溶接に対してケーブルがワークや治具に干渉しにくいという特長がある。

（2）ロボットコントローラーは，ロボットを制御する装置で，動作や作業指令を行うメイン制御部と，モーター駆動を行うサーボ制御部により構成され，外部機器との通信インターフェイスや入出力制御部も内蔵している。一般的にロボットシステムに含まれるあらゆる装置はロボットコントローラーにより制御され，複数のロボットを制御できるコントローラーもある。

（3）ティーチングペンダントはロボット動作のプログラミングを行うためのもので，マニピュレータをティーチングペンダントのキー操作により動かし，動作点を教示してロボット動作を記憶させる。また溶接条件の設定や入出力の命令，プログラムのバックアップやダウンロードなどもティーチングペンダント操作にて行う。

（4）パワーユニット（溶接電源）は，溶接に必要なエネルギーを供給する装置で，コントローラーに内蔵されたタイプと外付けタイプの2種類がある。

（5）トーチは，パワーユニットから出力される溶接電流と溶接ワイヤ，シールドガスを，トーチケーブルを経由して溶接部に供給する。トーチに供給される電流は500A を超えることもある。大型構造物を対象とした溶接ロボットでは，溶接時間が数十分以上と長時間に及ぶ場合があり，その場合は水冷トーチを使用することが多い。

（6）ワイヤ送給装置は溶接ワイヤを供給する装置である。アルミニウムワイヤなどの比較的柔らかい材質などでは，座屈の発生や傷を防止するために送給ローラーの溝形状や駆動方式が工夫されている。

（7）ショックセンサはトーチとマニピュレータとの間に取付けられ，トーチがワークなどに接触し負荷がかかるとロボットが停止する。最近はロボットの駆動モーターにかかる負荷の異常を緻密かつ瞬時にソフトで検知しロボットの動作を止める「衝突検出機能」などにより，さらに干渉時のトラブルは少なくなっている。

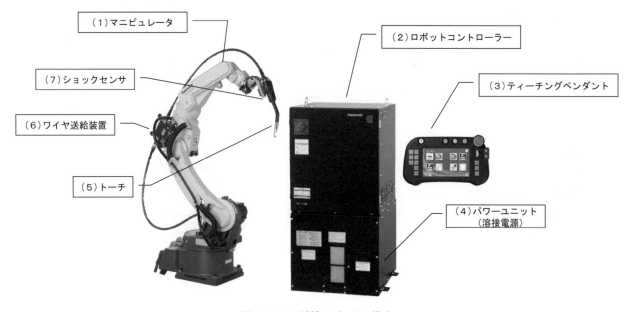

図8 アーク溶接ロボットの構成

11. 溶接ロボットの種類

溶接ロボットは溶接法により分類され，構造物の材質や必要な溶接品質によって使い分けられており，次に代表的な溶接ロボットについて紹介する。

① CO₂/ マグ / ミグ溶接ロボット

最も一般的に使用されているアーク溶接ロボットが，CO_2/ マグ / ミグ溶接ロボットである。CO_2/ マグ溶接ロボットは主に鉄系材料の溶接で使用されており最も需要の多いロボットである。ミグ溶接ロボットは主にアルミニウム合金の溶接に使用され，やわらかく座屈しやすいアルミニウムワイヤを安定して送給するため，ワイヤ送給にプッシュプルシステムが多く採用される。

②ティグ溶接ロボット

図9にティグ溶接ロボットを示す。ティグ溶接は，溶接中のスパッタが発生しないことから溶接構造物の外観が重要視される溶接箇所で使用される。システムの種類としては，被溶接材料同士を溶かして溶接する共付けティグシステムとフィラーワイヤを供給して溶接するティグフィラーシステムの2種類がある。ティグフィラーシステムには固定ティグフィラー方式とフィラーワイヤの供給角度の変更が可能な回転ティグフィラー方式

がある。

③スポット溶接ロボット

溶接ロボットは，アーク溶接のみならずスポット溶接においても多く使用されている。ロボットがワークを保持して定置式のスポット溶接機へ移動し溶接を行う方式とロボットがスポット溶接用のガンを保持して溶接箇所へ移動し溶接を行う方式がある。スポット溶接用のガンには，エアで加圧するタイプとサーボモーターで加圧力を調整するタイプがあるが，アーク溶接のトーチと比較して質量が大きいことから100kg可搬を超える大型ロボットが使用されることも少なくない。

④レーザ溶接ロボット

図10にレーザ溶接ロボットを示す。レーザ溶接は，非常に高いパワー集中性と非接触の利点を生かし，従来は難しかった溶接が可能になる他，高速溶接による効率アップや溶接以外の作業（切断・レーザマーキング）もこなすなど幅広い分野での活躍が期待されている。アーク溶接に比べて高速・高品質である反面，設備コストは高価となる。

12. ものづくりによる異なる溶接法

現在の製造現場では，ユーザーの用途や製品の性質な

図9 ティグ溶接ロボット

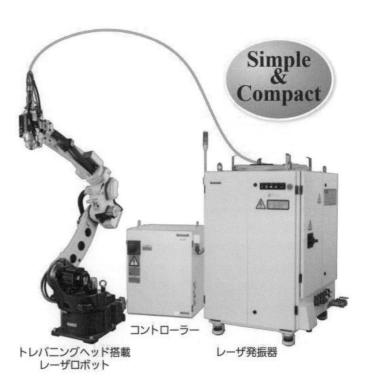

コントローラー

トレパニングヘッド搭載
レーザロボット

レーザ発振器

図10 DDL溶接ロボット
＊ DDL ＝ダイレクトダイオードレーザ

作業形態	人による作業	ロボット（自動システム）
大量生産	×	○
多品種少量	○	△
鉄骨・厚板	△	○
プラント機器等（高品質要求）	○（TIG溶接）	△
高難度溶接（薄板）	△	○
高難度溶接（高張力鋼・アルミ・異種）	×	○
高難度溶接（高速溶接）	×	○

図11　溶接作業の形態

どにより溶接方法も大きく異なる。

　溶接品質を最大限重視する場合と，最低限維持しつつ生産性を追求する場合では，その生産（溶接）方法は異なる（**図11**）。

13. 溶接機器のトレンド

　溶接ワイヤを使用したアーク溶接では，スパッタの発生が長年課題となってきた。溶接機メーカーではこのスパッタ発生量を減らすための溶接機器や溶接工法の開発に取組み一定の成果が出てきており，溶接のトレンドとなっている。一例として弊社のAWP溶接法

（Active Wire Feed Process）の原理と特徴を**図12**に示す。AWP溶接法は溶接電源融合型アーク溶接ロボット「TAWERS」で培った波形制御によるスパッタ低減とワイヤ送給制御を融合させ，従来の溶接法と比較してもスパッタ発生量を人幅に低減可能な溶接法であり，鋼の溶接だけでなく，亜鉛メッキ鋼板やアルミニウムの溶接においてもスパッタの低減や溶接品質の向上に役立っている。

　最近ではアーク溶接の際にスパッタとともに嫌われるスラグの発生の少ない低スラグワイヤでの溶接事例も増えてきている。

アクティブワイヤ溶接法（AWP溶接法）

ワイヤ送給を高精度制御し，さらなる低スパッタ溶接を実現。
TAWERSで培った波形制御によるスパッタ低減とワイヤ送給制御の融合により、TAWERSのSP-MAG/MTS-CO₂工法と比較してもスパッタ発生を大幅に低減した『革新的な溶接法』です。

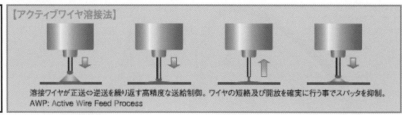

【従来のCO₂/MAG/MIG溶接法】
溶接ワイヤは常に一定速度で送給。スパッタ低減に限界有り。

【アクティブワイヤ溶接法】
溶接ワイヤが正送⇔逆送を繰り返す高精度な送給制御。ワイヤの短絡及び開放を確実に行う事でスパッタを抑制。
AWP: Active Wire Feed Process

スパッタサイズの微小化！

●スパッタサイズの微小化により、ワークへの付着を低減します。
●製品品質向上とスパッタ除去工数／現場清掃工数削減に貢献

CO₂溶接

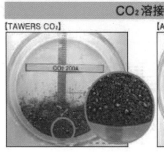
【TAWERS CO₂】

【Active TAWERS】

スパッタ発生を大幅低減

CO₂溶接

■スパッタ発生量比較（CO₂）

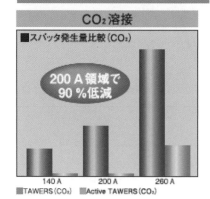

200A領域で90%低減

| 140 A | 200 A | 260 A |

■TAWERS（CO₂）　■Active TAWERS（CO₂）

図12　アクティブワイヤ溶接法の原理と特長

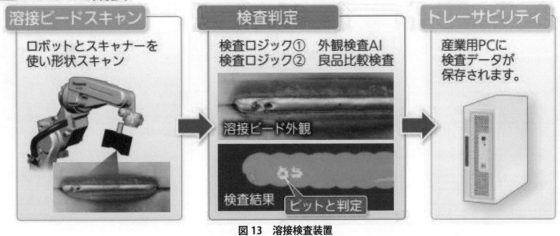

図13　溶接検査装置

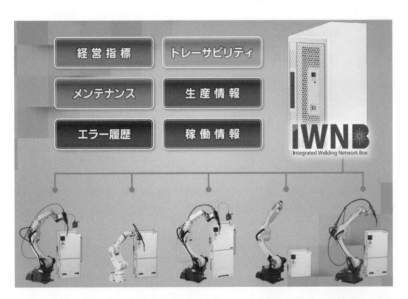

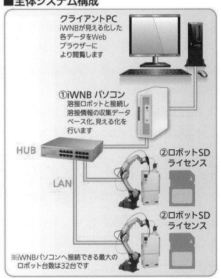

図14　生産工程管理システム

　また，昨今の人員不足や作業の効率化の面では生産工程全体の自動化が求められており，溶接後工程の目視検査での作業者負担，検査結果のばらつきなどによる品質トレーサビリティに関する課題に対してAI技術・3次元データ解析技術を用いた溶接外観検査ソリューションが開発，実用化されている（**図13**）。

　そのほかには，ロボットや溶接機といった工程全体の稼働状況を見える化し，さらなる生産性向上と効率化を実現するために機器の稼働データを収集，蓄積，分析す

ることで生産性向上・品質向上・トレーサビリティ強化・メンテナンス性向上などの価値提供を目的としたソリューションも実用化が進んできている（**図14**）。

14. おわりに

　本稿で溶接の基礎知識や，溶接機・溶接ロボットの種類や特徴，最新のトレンドについてご理解いただけたと思う。皆様にとって今後の販売活動の参考になれば幸いである。

高圧ガスの基礎知識

石井　正信

岩谷産業株式会社　機械本部　ウェルディング部

1．はじめに

　我々，溶材商社営業マンは高圧ガスの正しい取り扱いを習得し顧客に向けた安全供給が必須となる。近年の製造業界は中小企業に限らず，ロボットやAIによる自動化，省力化，スマートファクトリー化への取組みが急務とされているが，溶接切断等の金属加工は普遍的な基礎技術が今もなお必須であり，かつ接合技術の進化に伴う最新のシールドガスや脱炭素関連のクリーン燃焼ガス等の知識習得も重要になっている。

　本稿では高圧ガスの基礎知識と変化する溶接溶断作業用の各種高圧ガスについて解説する。

2．溶接用シールドガスの基礎

　アジア圏で最もメジャーな溶接方法として「炭酸ガス溶接法」がある。造船や橋梁，建設機械等の大型構造物の接合方法として普及し日本国内で使用される全炭酸ガス量の半分が溶接用途で消費されている。一方，自動車産業を中心とした軟鋼薄板溶接では「80％アルゴン＋20％炭酸」の混合ガスを使用した「マグ溶接」が使用されている。ステンレスやアルミ等の非鉄金属ではアルゴンガスを使用した「ティグ溶接法」も多く用いられる。また，ステンレスのミグ溶接では「2％酸素＋98％アルゴンガス」が一般的なシールドガスとして認知されて

いるがステンレス材の多品種化によりアルゴン＋炭酸ガスも使用されるようになった。

　次に，シールドガスに使用される主なガスについて説明する（**表1**）。

　次に溶接に使用される各種ガスの概要について説明する。

「炭酸ガス」

　無色・無臭，不燃性のガスで，大気中に約0.03％程度しか存在しない。空気の約1.5倍の重量があり，乾燥した状態ではほとんど反応しない安定したガスで，化学プラントや製鉄所の副生ガスを原料として製造されている。　通常，溶接等の工業用ガスとして，ボンベに充填され液化炭酸ガスの状態で搬送されるが，液化炭酸ガス1kgあたりで0.5㎥程度の炭酸ガスとして気化する。工場で最も多く見かける緑色の30kg入り液化炭酸ガスボンベは，約15㎥の炭酸ガスを取り出すことができる換算となる。

「アルゴン」

　高温・高圧でも他の元素と化合しない不活性で，無色・無味・無臭のガス。空気中に0.93％程度しか含有しないが，深冷分離と言う方法で大気を原料とし分離精製され製造している。比重は1.38（空気＝1）と空気と比較して重いため，大量使用の場合は地下ピットやタンク内などガス溜りに注意が必要。沸点は-186℃。製鉄や

表1　シールドガスに使用されるガス種と物理的性質

ガス物性表	Ar	CO2	O2	He	H2
比重（空気＝1）	1.38 ○	1.53 ○	1.11 ○	0.14 △	0.07 △
イオン化ﾎﾟﾃﾝｼｬﾙ（eV）	15.7 ○	14.4 ○	13.2 ○	24.5 ○	13.5 ○
熱伝導率（mW／m K）	21.1 ○	22.2 △	30.4 ○	166.3 ◎	214.0 ◎
活性	不活性 ◎	活性 ○	活性 △	不活性 ◎	活性 △
燃焼性	不燃性 ◎	不燃性 ○	支燃性 △	不燃性 ◎	可燃性 ×

高反応性物質の雰囲気ガス等に広く利用されている。

「ヘリウム」

無色・無臭，不燃性のガスで，大気中に約 5.2ppm しかなく，比重は 0.14（空気＝1），沸点は -269℃。化学的にまったく不活性で，通常の状態では他の元素や化合物と結合しない。ヘリウムは特定のガス田プラントより採掘される天然ガス中に 0.3 ～ 0.6％程度しか含まれておらず，それを分離精製し製造されている。液体ヘリウムは医療用途の MRI 等に使用され，超電導システムのコア技術等の最先端技術の一旦を担う。

ヘリウムの産出国はアメリカが市場の 7 割を占め，超希少資源として戦略物資の扱いとしている。　近年，中東のカタールからも産出されるようになったが，超希少資源としての価値は変わらず価格が高騰している。

「酸素」

無色・無味・無臭のガスで，空気の約 21％を占めており，比重は 1.11（空気＝1）で沸点は -183℃。化学的に活性が高く，多くの元素と化合し酸化反応を起こす。シールドガスとしては先に記述した，2％酸素＋98％アルゴンがステンレスミグ溶接に使用されている。アルゴンと同じく深冷分離による方法で大気を原料とし分離精製され製造されるのが一般的であるが，エアガスと総称する窒素，酸素，アルゴンの 3 種のガスは，分離精製時に -200℃へ及ぶ冷却が必要なことから膨大な電力が必要となっている。

「水素」

無色・無味・無臭，可燃性のガスで，比重は 0.07（空気＝1）と地球上の元素の中で最も軽いガスで，沸点は -253℃。熱伝導が非常に大きく，粘性が小さいため，金属などの物質中でも急速に拡散する。水素脆化が示す通り，溶接には不向きとされているが，オーステナイト系ステンレス鋼へは影響が極めて少ないことから，3 ～ 7％の水素を添加した混合ガスで高効率なティグ溶接やプラズマ溶接で使用されている。

3．溶接用ガスの役割

シールドガスは文字通り空気と溶融金属の遮断が第一の役割であるが，最近ではシールド性能だけではなく，スパッタ低減や効率化を実現した機能性を求められる。当社の主なガスとして母材別に適合させた**表2**の混合ガ

表2　イワタニ溶接用混合ガス　シールドマスターシリーズ

商品名	組成	対象素材	特徴	用途
軟鋼・低合金鋼用（MAG）				
アコムガス	Ar+CO₂	軟鋼	低スパッタ・アーク安定・汎用性の高いMAGガス	鉄骨・橋梁・造船等
アコムエコ	Ar+CO₂	軟鋼中厚板	低スパッタ・低ヒューム・経済的なMAGガス・CO₂溶接での作業環境を改善	鉄骨・橋梁・造船等
アコムHT	Ar+CO₂	薄板高張力鋼	低スパッタ・高速化・ビード外観向上・溶接金属の性質向上	自動車・輸送機器・事務機器等
アコムZⅡ	Ar+CO₂	亜鉛メッキ鋼板	低スパッタ・高速化・耐ピット性向上・一般軟鋼にも使用可能	住宅設備・自動車
ハイアコム	Ar+CO₂+He	軟鋼中厚板	スパッタ激減・高速化・ビード外観向上・中電流から高電流で抜群のアーク安定性	鉄骨・橋梁・造船等
アコムFF	Ar+CO₂+O₂	軟鋼薄板・亜鉛メッキ	幅広ビードの形成でアンダーカットを抑制・高速化が可能	自動車・輸送機器
アルミ・アルミ合金用（MIG・TIG）				
ハイアルメイトA	Ar+He	薄板アルミ合金・パルスMIG/TIG	溶け込み向上・高速化・耐ブローホール性向上・ビード外観向上	特装車・鉄道車輌
ハイアルメイトS	He+Ar	厚板アルミ合金・パルスMIG/TIG	溶け込み向上・高速化・耐ブローホール性向上・ビード外観向上	LNGタンク・アルミ船
ステンレス鋼用（MIG・TIG）				
ティグメイト	Ar+H₂	ステンレス鋼・プラズマ溶接	溶け込み向上・高速化・TIG板厚により混合比を調整可能	厨房機器・配管
ハイミグメイト	Ar+He+CO₂	ステンレス鋼・パルスMIG	高溶着・高速化・ビード外観向上・スパッタ低減・より高品質溶接を実現	自動車・鉄道車輌・化学プラント
ミグメイト	Ar+O₂	ステンレス鋼・パルスMIG	アーク安定・低スパッタ・溶接効率向上	車輌・配管

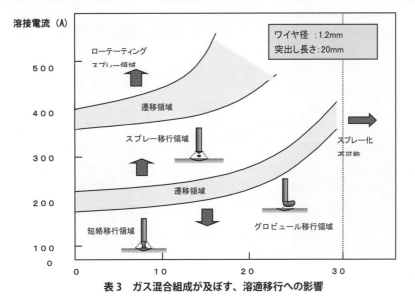

表3　ガス混合組成が及ぼす、溶適移行への影響

ス類が開発され，ユーザーで使用されている。

4．マグ溶接に及ぼすシールドガスの影響

マグ溶接におけるシールドガスとして，現在では多くの製造現場で使用されるマグガスは先に記述したように，アルゴン80％＋20％炭酸ガスの組成であるが，その組成比率により溶滴移行は変化を見せる。一例として，**図1**に示すようにスパッタが激減するスプレー移行の電流域はガス組成により大きく変化をする。これらのガス混合比率を変化させ利用することで，パルス溶接で問題となるアンダカットや更なる低スパッタ等の施工性改善も見込める。

5．アルミティグ・ミグ溶接の需要増

非鉄金属の分野では自動車に代表される輸送機器全般で，軽量化及び機能性を追求したアルミ部材が増加傾向にある。それに伴う接合技術も各分野にて開発が進められているが，いまだ現役であるのがティグ溶接及びミグ溶接でもある。

使用されるシールドガスのほとんどがアルゴンガスであるが，一部ではヘリウムガスが使用され，機能性を求めたアルゴンとヘリウムの混合ガスも増加傾向である。

高額なヘリウムを使用する背景には，技術者不足や人件費高騰による「タイムイズマネー理論」や自動化のハードルを下げることのできる，ヘリウムガスの優位性が再認識され始めたと感じている。

6．マグ溶接における溶込みへの影響

同様に，溶込み深さや形状にも影響を及ぼすことが，比較試験（**写真1**）により確認することができる。軽量化に伴う更なる薄板鋼板へは，アルゴン比率を高めることで溶込みは浅くなり，穴開き，溶落ち等の溶接欠陥防止策として活用されている。これとは逆に，炭酸ガス溶接と比較して溶込み不足を指摘されることの多いマグガスは，炭酸ガス比率を増やすことで改善される可能性がある。

7．シールドガスの選定と今後について

グローバル競争にさらされる製造業において，高品質な物を低コストで作ることが最も重要とされているが，日本の国内における溶接コストは溶接品質を向上することで低減する場合が多い（**写真2**）。溶接品質の向上

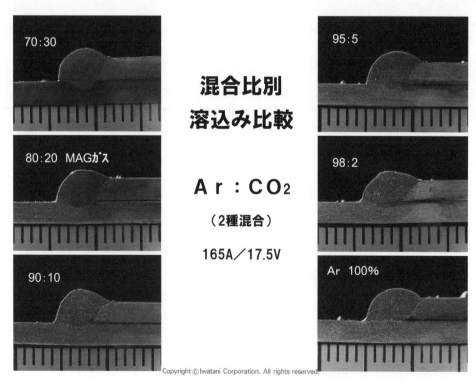

70:30

80:20 MAGガス

90:10

混合比別
溶込み比較

Ａr：CO$_2$

（2種混合）

165A／17.5V

95:5

98:2

Ar 100%

写真1　ガス組成変化による溶込み比較

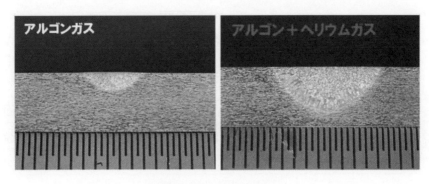

溶接条件 ： 190A／21V，TIG・AC
溶接速度 ： 50cm／min
母材 ： アルミ 6063S

写真2　ガスの違いによる溶込みの比較

はコストアップと捉えられ易いが，溶接におけるコストとは仮付から始まり塗装前の最終仕上げまでとなる。スパッタ取り作業やグラインダー仕上げ等の作業はもとより，溶接欠陥の補修には点検・確認作業など膨大な時間として大きなコストアップとなる。高品質溶接でトータルコストダウンの実現が可能である。

8．切断（溶断）用ガス

構造材の切断には「熱切断」が非常に多く用いられている。「熱切断」とは熱エネルギーとガスの運動エネルギー，場合によってはガスが持つ化学的エネルギーで鋼材を溶かして切断すること。その種類は以下のように分類される。

「ガス切断」

火炎と鋼材の酸化反応による熱エネルギーとガス流体の運動エネルギーを利用

「プラズマ切断」

アーク放電による熱エネルギーとガス流体の運動エネルギーを利用

「レーザ切断」

光による熱エネルギーとガス流体の運動エネルギーを利用

「ガス切断（溶断）」の最大の特徴は，切断部を溶かすためのエネルギーを，切断部の鉄自信の酸化反応熱で補うところにある。ガス炎で切断部を発火温度（約900℃）に加熱し，そこへ高圧の酸素を噴出することで，母材の鉄を燃やしながら切断する。

つまり，酸素で鉄を燃やして溶かし，切断酸素気流によって燃焼生成物と溶融物を吹き飛ばすという2つの作用によって行なわれることになる（**写真3**）。このため，酸化・燃焼しにくいステンレス鋼や酸化・燃焼しても酸化物（アルミナ）が母材よりも著しく高融点で溶融物と

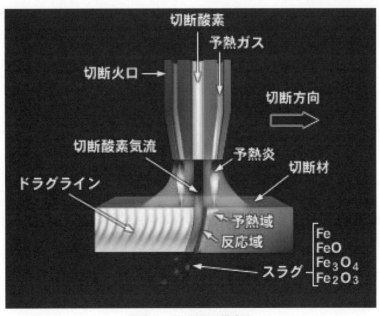

写真3　ガス溶断の模式図

表3　切断ガスの種類と物性比較

ガス	分子式	分子量	ガス比重 空気＝1	総発熱量 Kcal/m3	火炎温度 ℃	燃焼速度 m/s	着火温度 ℃	燃焼範囲 ％
アセチレン	C2H2	26.04	0.91	13,980	3,330	7.60	305	2.5〜81.0
プロピレン	C3H6	42.08	1.48	22,430	2,960	3.90	460	2.4〜10.3
エチレン	C2H4	28.05	0.98	15,170	2,940	5.43	520	3.1〜32.0
プロパン	C3H8	44.10	1.56	24,350	2,820	3.31	480	2.2〜9.5
メタン	CH4	16.04	0.56	9,530	2,810	3.90	580	5.0〜15.0
水素	H2	2.02	0.07	3,050		14.36	527	4.0〜94.0

写真4　『ハイドロカット』の火炎と切断面　（板厚 50mm、25 度開先切断）

なりにくいアルミニウムには適用されない。

　ガス切断（溶断）の際に母材を予熱する燃料ガスは，古くからアセチレンガスが使われてきた。現在はLPガスや天然ガスなどが一般的に使用され，その他プロピレン，エチレン，水素なども用いられ，これらのガスを混合し，比重や火力を調整したものも使用されている。表3にガス切断用の燃焼ガスとその物性を記す。

　「アセチレン」は無色で純粋なものは無臭。比重は0.91（空気＝1）で沸点は -84℃。カーバイドから製造されるアセチレン自身は不安定で反応性が高い物質であるために，容器中の溶剤に溶解させて安定化させた状態で使用する必要があり，そのために「溶解アセチレン」とも呼ばれている。

　「液化石油ガス（LPG）」は石油採掘，石油精製や石油化学工業製品の製造過程での副生した炭化水素を液化した発熱量の高いガスで，家庭用ではプロパンガスと呼ばれて広く使われている。工業用，自動車燃料，都市ガス原料としても使用されている。

　「水素混合ガス」最近は，環境対応と切断性能を求めて，水素をベースにした燃料ガスが脚光を浴びている。安全性と環境性，作業性を改善させたのが当社の「ハイドロカット」（写真4）となる。水素にエチレンを高精度で混合させることにより，以下のメリットがある。

　①断面品質，速度などの切断能力が，LPガス，都市ガスに比べて高い。

　②熱影響によるひずみがアセチレン，LPガスに比べて少ない。

　③射熱の小さな水素を用いることにより，高温作業の熱切断作業環境が改善される。

　④切断時に発生する CO_2 がアセチレンと比較し30％まで低減される。

　⑤逆火し難く，煤（すす）が出ない。

　当社は水素エチレン混合ガス「ハイドロカット」を環境対応型の「高機能，切断用燃料ガスとして販売し，機能性シールドガス同様に品質向上とトータルコストダウンを実現する機能性燃焼ガスとして推奨している。

協働ロボットの基礎知識

安部　健一郎、森岡　昌宏

ファナック株式会社　ロボット事業本部ロボット機構研究開発本部

1. 協働ロボットが導入される背景

　自動車や電子機器の組立，機械加工，溶接，食品，物流など様々な生産現場において，人手中心の現場は未だ多数存在する。世界的に少子高齢化に伴う労働力不足は加速しており，これらの生産現場では，例えば，単純作業はロボットに任せ，人は組立などの複雑作業に専念することで，少ない労働力でも高い生産性を確保することが求められている。このような人とロボットの協働作業には，人の往来の妨げになる安全柵が不要な協働ロボットが不可欠である。

　しかしながら，国際ロボット連盟（IFR）の最新統計World Robotics 2022によると，全世界で稼働中の産業用ロボットに対する協働ロボットの割合は，7.5％（2021年）とまだ十分に普及していない。これは，協働ロボットを必要する人手中心の生産現場では，ロボットの設置や操作に馴染みがなく，取扱いの難しさが導入障壁の一因になっていたと考えている。

　アーク溶接やレーザ溶接の現場でも同様であり，多品種中小量生産の現場を中心に，設置スペースの制約から従来型の安全柵を必要とする産業用ロボットは設置できず，ロボット熟練者の確保が難しいことからも，ロボットの導入は限定的であった。その状況に対し，初めてでも簡単に使えて，導入に対して敷居の低い協働ロボットCRXは，その使いやすさと豊富なラインアップから，様々な溶接現場への導入が加速している。ロボットによる自動化では，従来は，極限まで自動化率を上げようと，手の込んだ設備投資の掛かるロボット化が主流であったのに対して，シンプルな自動化を実現する協働ロボットは，設備費用が少なく，立ち上げ時間も短く，メンテナンス負担も少なく済む。

　本稿では，初めてでも簡単に使える協働ロボットCRXを中心に，協働ロボットの特徴と溶接現場での活用事例を紹介する。

2. 協働ロボットの特徴について

　当社では，2015年に世界初の安全認証を取得した35kg可搬の高可搬協働ロボットを開発して以降，**図1**に示す通り，11機種の協働ロボットを展開している。緑のCRシリーズは，当社の4kg可搬から35kg可搬の黄色の産業用ロボットをベースに，センサと色を変えて協働ロボットを構成したもので，従来の産業用ロボットに慣れている現場に向いている。一方，白のCRXシリーズは，ロボットが初めての現場をターゲットに開発した使いやすい協働ロボットで，5kg可搬から25kg可搬まで，5機種をラインアップしている。本稿では，CRXシ

CR シリーズ　　　　　　　　　　　　CRX シリーズ

CR-35*i*B　　CR-14*i*A/L　　CR-7*i*A　　　CRX-5*i*A　　CRX-10*i*A/L　　CRX-25*i*A

　　CR-15*i*A　　CR-7*i*A/L　　CR-4*i*A　　　CRX-10*i*A　　CRX-20*i*A/L

図1　当社の協働ロボットのラインアップ

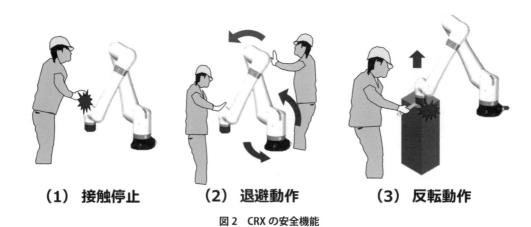

（1）接触停止　　（2）退避動作　　（3）反転動作

図2　CRX の安全機能

リーズについて詳細を紹介する。

　CRX シリーズは，「安全性，使いやすさ，高信頼性」を兼ね備え，ロボットが初めての人でも簡単に使えるスマートフォンのような使いやすさと，安全で壊れない高信頼性が特徴である。

　安全性については，高感度な接触停止機能により，アームに触れると軽い力でスムーズに安全停止する。また，人が一緒にいて安心感を持てる丸みを帯びた外観で，アーム間の十分な隙間により人の腕の挟み込みの心配はない。図2 に示す安全機能により，ロボット全体として ISO10218-1 適合の安全認証を取得しており，安全柵なしで安心して使用することができる。

　使いやすさについては，徹底的に軽量化されたアームと制御装置で，クレーンなどの荷役設備がなくても，開梱後直ぐに人手で運搬・設置できる。軽量なため手押し台車や無人搬送車に搭載し，必要な時に必要な場所に移動して活用できる。家庭用電源の AC100V で駆動でき，どのような生産現場にも容易に導入することができる。ロボット操作は，図3（a）に示す通り，アームを直接手で動かすダイレクトティーチにより直感的に操作でき

る。全軸を自由に動かせるフリーモード，ツール姿勢をキープする平行移動モード，ツール先端点を固定しツール姿勢を調整する回転モードから選択できる。また，図3（b）に示す通り，CRX は普段使い慣れたタブレットに，非常停止などの安全装置を追加したタブレット TP で教示を行う。スマートフォンの操作感覚でアイコンを指でドラッグ＆ドロップして教示プログラムを作成できるため，ロボットが初めての人でもすぐに使える。

　アーク溶接やレーザ溶接では，溶接用の専用アイコンを用いて，初めてでも簡単にロボットを教示することができる。手溶接のように，ダイレクトティーチでロボットアームを溶接個所に移動させ，図3（b）に示すアーク溶接用のアイコンをロボットのプログラミング画面にドロップするだけで，基本的な教示が完了する。アイコンをタップし，溶接開始位置と終了位置，溶接電流・電圧，ウィービング周波数などの溶接条件を集約的に一括で設定できる。レーザ溶接でも，レーザ加工の開始・終了を行うためのアイコンを用いて，ワイヤ制御やロボット速度に応じてレーザ出力を変えるパワーコントロール制御を簡単に行うことができる。

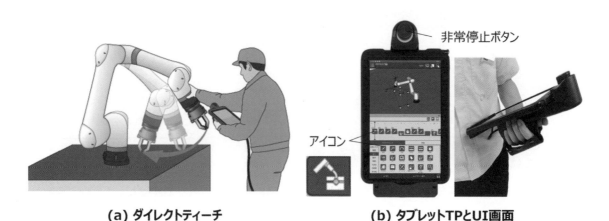

（a）ダイレクトティーチ　　　　　（b）タブレットTPとUI画面

図3　CRX の簡単操作

高信頼性については，長年培った高信頼性設計技術により，CRX は 8 年以上のメンテナンスフリーを実現している。特別な保守を行わなくても長期に渡り安心して生産現場で使用可能で，設備全体のメンテナンス費用を少なく抑えることができる。また，アームは標準仕様でIP67 の高い防塵防滴性能を持ち，水や油，溶接スパッタがかかる厳しい環境の生産現場でも安心して使用できる。

3. 活用事例

CRX は，ロボット教示に専門知識がなくても溶接トーチを直接動かしてロボットを教示することができるため，これまで自動化が進んでいなかった多品種少量生産の溶接現場の自動化を加速させている。溶接での活用事例を紹介する。

3．1　CRX アーク溶接パッケージ

図 4（a）の通り，軽量・コンパクトな CRX と，溶接電源，ワイヤ送給装置，溶接トーチなどの溶接機器一式を手押し台車に搭載したモバイル型アーク溶接パッケージを提供している。前述の通り，ダイレクトティーチとタブレット TP のアイコン教示により，短時間で立ち上げができ，安全柵不要で場所を取らないため，省スペース化，設備コストを抑えた自動化が可能である。建機や建材の溶接向けに多層盛り溶接機能も備え，多層盛り溶接アイコンを使ってベースパスを教示するのみで，2 層目以降の多層盛りパスが自動的に生成され，多層盛り溶接を簡単に一括教示することができる。外観を重視するステンレスやアルミ部品の高品位溶接にはティグ溶接パッケージを提供している。更に，広い動作範囲を持つ CRX-25iA もアーク溶接に対応しており，**図 4(b)** の通り，1.9m のリーチを活かして，広範囲のアーク溶接が可能である。

3．2　溶接センサによる溶接経路自動生成，溶接検査

複雑な曲線や三次元形状のワークに対するアーク溶接には，サーボロボ社製の溶接センサを利用した溶接経路の自動経路生成機能が有用である（**図 5**）。自動経路生成機能では，溶接線トラッキングセンサのスキャン開始・終了位置をダイレクトティーチでラフに教示するだけで，ロボットが対象ワークを自動で三次元的にスキャニングし，ワーク上の溶接線に基づいて，トーチ角を含めた複雑な溶接動作プログラムが自動生成される。作業開始からわずか 1 分程度でロボット教示が完了する。溶接線をリアルタイムでトラッキングすることも可能なため，一度プログラムを生成すれば，ワークの設置ずれにも自動的にロボット位置を補正して溶接することができる。最小限の教示工数で準備できるため，多品種少量生産の溶接現場に適している。

また，ロボットに搭載された溶接センサを用いて，正確な溶接ビードの 3D データを取得・分析し，溶接検査および品質管理を行うこともできる。溶接部品の有無や位置ズレを検証し，溶接溶落ち，溶接ピッド，アンダカットなどのビード表面の溶接異常を検出する溶接検査を行う。収集されたデータの傾向分析により，システムの不良率低減を図り，検査データをサーバに送付し保管することもできる。

3．3　手動溶接とロボット溶接を切替え可能な 2 in 1 レーザシステム

図 6 に示す通り，レーザハンディトーチを人と協働ロボット CRX で共用し，手動溶接とロボット溶接を切替え可能な 2 in 1 レーザシステムにより，ロット数など状況に応じた使い分けが可能である。安全柵が不要な

(a) CRXアーク溶接パッケージ　　　**(b) CRX-25iAによる広範囲溶接**

図 4　CRX アーク溶接パッケージ

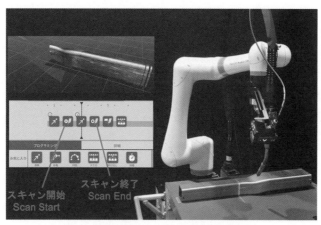

図5　溶接センサによる溶接経路自動生成

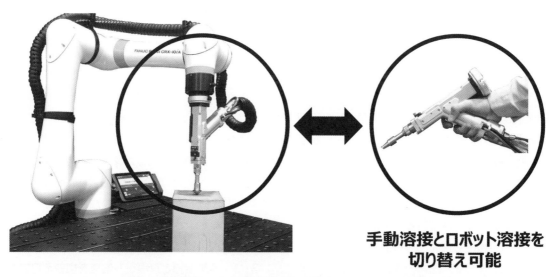

手動溶接とロボット溶接を
切り替え可能

図6　手動溶接とロボット溶接を切替え可能な2 in 1 レーザシステム

ため，人手中心の現場設備を変更することなく，手動溶接用のレーザハンディトーチをそのままロボットに装着できることから，設備費用を抑え，短期間で立ち上げられる柔軟でシンプルな自動化が可能である。手動溶接では難しい長尺の直線溶接や一定速度の溶接も，ロボットを使用することで高品質な溶接が可能である。

4.　今後の展望

　少子高齢化に伴う労働力不足や省エネ・カーボンニュートラルなど，社会課題の解決に向け，ロボットが果たす役割は大きい。協働ロボットは，人手中心の現場に簡単に導入できるため，溶接現場に限らず様々な分野で，労働力不足の解消に向けて更なる普及が期待される。また，CRX は軽量アームで消費電力が少ないため，工場の省エネルギー化にも大きく貢献する。一方，近年，溶接分野のトレーサビリティは益々重要視され，溶接状態をモニタリングし，溶接異常の原因特定や不良発生の予測などが求められている。当社の IoT によるロボットの保守・診断機能であるゼロダウンタイム（ZDT）では，アーク溶接ログ機能により，溶接毎の電流・電圧などをグラフで表示し，溶接不具合原因を早期に特定することで，稼働時の品質管理が可能である。また，各ロボット・溶接電源からの様々なデータを収集・診断し，PC やタブレットにより，顧客に予知した故障や保守について通知する。ZDT は，全世界で 30,000 台以上のロボットが繋がっており，これまでに 1,700 件以上のダウンタイムを予防するなど，数多くの実績を持つ実用的な IoT ツールである。壊れる前の予防保全により，工場の稼働率の向上に貢献する。

　当社では，協働ロボットによる溶接の自動化と省エネルギー化の推進，IoT ツールを活用した溶接品質の向上など，溶接現場での課題解決に貢献する自動化技術を更に進化させていく。

切断の基礎知識

川北　雅人

日酸 TANAKA 株式会社　事業本部　製品開発事業部　FA 開発部

1.　はじめに

熱切断は溶断とも呼ばれ，切断部を溶融（または蒸発）し，この溶融した部分をガスにより吹き飛ばして行う切断法である。**表1**に，熱切断と機械切断の対比を示す。熱切断の特徴は以下の通りである。

長所としては，

1）自由形状の切断が可能である。

熱切断で使用される熱源は，切断材の厚さの方向に線（または材料表面に点）として存在するため切断の進行方向に対する制約がない。

2）切断材料の固定が不要である。

熱切断は，切断材と非接触であるため切断材に力を加えることがない。このため切断材を固定するものが不要である。

3）厚板の切断速度が速い

鋸等の機械切断は，板厚が厚くなるほど加工速度は著しく低下するが，熱切断では厚板でも比較的速い速度で切断ができる。

短所としては，

1）切断精度が悪い。

熱切断は，切断材を局部的に溶かして溶けたものをガスにより吹き飛ばすため，熱変形が生じることや切り溝（カーフ）幅が広くなる，更に，ガス気流の直進性や強さが若干変化することで，寸法精度が機械切断より劣る。

2）切断面近傍の硬さ及び金属学的組織変化を起こすことがある。

熱切断は，切断部を溶融し，この溶融（または蒸発）した部分をガスにより吹き飛ばすため，ガスによる冷却が行なわれ，切断面近傍の硬さや組織変化が起きる場合がある。

等が挙げられる。

熱切断は，前述した長所から重厚長大をはじめとする多くの産業で利用されている。熱切断の短所である熱変形に対しては，切断の前工程で溶接する位置や部材番号を示すマーキング線や文字を鋼板表面に施し，それら

表1　熱切断と機械切断の対比

	熱切断	機械切断
切断エネルギ	熱エネルギ＋ガスの運動エネルギ。場合によっては、ガスがもつ化学的エネルギが利用される場合がある。	機械的エネルギ。
切断工具	切断火口もしくはノズル。	刃物（はさみ、鋸、シャー等）。
適用材料	切断法によっては、適用できない材料がある。	すべての材料に適用できる。
材料との接触	非接触。	接触。
材料拘束	非接触の切断であるため、一般には、拘束治具は不要。	加工時の抵抗のため、拘束が必要。
切断形状	非接触の切断であるため、切断形状の制限は少ない。	直線か、単純な形状に限定される。
切幅	ノズル孔径の1.5〜2倍（レーザ切断を除く。）レーザ切断は約0.3〜0.8mm。	切削工具の刃厚による。プレス、ギロチンシャーのような、せん断機の場合はゼロ。
切断後の変形	熱変形が生じる。	加工ひずみにより変形が生じるが、一般的に、変形は熱切断より小さい[1]。
材質変化	切断面近傍は熱的影響を受け、硬さや結晶組織の変化が生じる。また成分元素の移動が生じる場合もある。	加工ひずみ・加工硬化が生じる。ステンレス鋼の場合、加工ひずみにより、マルテンサイト変態を起こす場合がある。

[1] ただし、ギロチンシャーの場合、ボウ（そり）、ツイスト（ねじれ）及びキャンバー（真直度）と呼ばれる変形が生じ、切断精度に大きく影響を及ぼす。JIS B 0410「金属板せん断加工品の普通公差」では、切断材の切断幅、真直度及び直角度について、それぞれ等級を設けている。

マーキングを基準に溶接し構造物を作る等，熱変形による精度低下を抑える工夫がなされている。

　本稿では，熱切断の代表である，ガス切断，プラズマ切断，レーザ切断の原理や品質等について説明する。

2. 熱切断法の原理と切断機

　各熱切断法について，切断原理と切断機や周辺装置の形態を説明する。

2.1　ガス切断

　ガス切断は，酸素と金属の酸化反応による発熱を利用して行う切断法で，熱切断法の中では最も古い切断法である。切断できる材料は，軟鋼と呼ばれる低炭素鋼（炭素が0.3％以下）や低合金鋼，その他数種の金属（チタン等）に限られる。

　ガス切断は，**図1**－ガス切断に示すように，燃料ガス（プロパン，アセチレン等）と予熱酸素を流して切断火口の先端で予熱炎を形成し，切断開始部を発火点以上に加熱する。そこに切断酸素を吹きかけ，酸化反応を起こさせるとともに，溶融した金属や酸化物を切断酸素の気流がもつ運動エネルギーで吹き飛ばす。この現象を連続して発生させることで切断を行う方法である。ガス切断は，金属との酸化反応熱を利用するので，酸素が届く範囲が切断可能となり，厚板の切断には有利な切断法である。

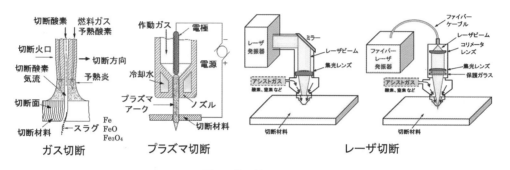

図1　熱切断の原理

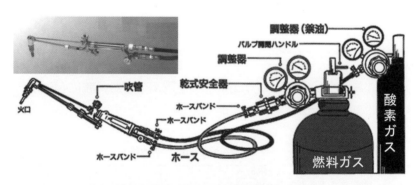

図2　手切り用ガス切断の機器構成

写真1　NCガス切断機

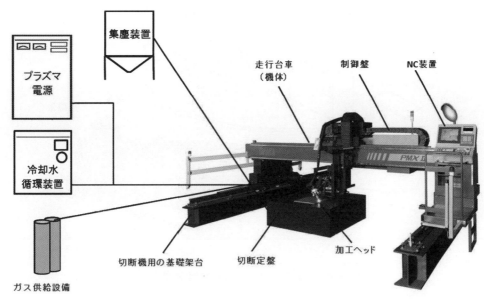

図3　プラズマ切断機の装置構成

図2は吹管を手で持って行うガス切断の機器構成を示す。酸素ガスと燃料ガスのボンベと供給装置，圧力調整器，乾式安全器，ホース，吹管，火口からなる単純な機器構成であることから装置のコストを低く抑えられる。**写真1**にNCガス切断機を示す。切断トーチを複数取り付けられ，1回の切断で同形状の製品をトーチ数分切断できる等のメリットがある。

2.2　プラズマ切断

プラズマ切断は，アーク放電による電気エネルギーを利用する切断法である。電気エネルギーを利用するため，導体である金属の切断に使用される。

プラズマ切断は，**図1**－プラズマ切断に示すように，電極の周辺からノズルへ作動ガスを流し，切断材と電極間でプラズマアークを発生させる。ノズルによりプラズマアークが収束され，そのプラズマアークによって発生した気流により切断材を溶融させると同時に溶融した金属を吹き飛ばす切断法である。なお，**図1**には記載されていないが，切断面品質改善のため，作動ガスの周辺部に補助ガスを流すことが一般的となっている。プラズマ切断は，熱エネルギーを切断材の上面から供給する方式であり，供給エネルギーの制約から，切断板厚が増大すれば切断が困難となる。プラズマ切断機の装置構成は，**図3**に示すように，プラズマユニット（プラズマ電源，加工ヘッド（プラズマトーチ），冷却水循環装置），切断機本体，切断で使用するガスの供給装置から構成され，プラズマ電源には直流電源が用いられており，切断材をプラス，電極をマイナスにして使用される。

プラズマ切断に使用する一般的な作動ガスとして，空気，酸素，アルゴン＋水素（＋窒素），窒素が挙げられる。プラズマ切断の装置構成は，ガス切断より複雑となり，装置の導入コストは高い。また，切断時に煙（ヒューム）も多く発生するため，集塵装置が必要になる等，付帯設備のコストもかかる。プラズマ切断機は，ガス切断機と異なり，トーチが1本の切断機が主流である。

2.3　レーザ切断

熱切断の分野では，最も新しい切断法である。**図1**－レーザ切断に中厚板分野に幅広く適用されているCO_2（炭酸ガス）レーザ切断とファイバーレーザ切断の原理を示す。レーザ発振器で発生したレーザ光を加工ヘッドに伝送し，集光レンズでレーザ光を絞ってエネルギー密度を高めて切断材に照射することで材料を溶融させる。更に，レーザ光と同軸上にアシストガスを流すことで溶融した金属を吹き飛ばす切断である。基本的には，虫眼鏡の原理そのものであり，この切断法の最大の特徴は，金属，非金属を問わないということである。切断方法は，速度を重視するCW（連続波）切断と，安定した品質を重視するパルス切断の2種類に分けられる。

ファイバーレーザ切断機の装置構成を**図4**に示す。ファイバーレーザ切断機の装置構成は，レーザ発振器，発振器を冷却する冷却水循環装置，加工ヘッド，発振器から加工ヘッドまでビームを伝送するファイバーケーブル，切断で使用するガスの供給装置から構成される。CO_2レーザの場合は，伝送用ファイバーケーブルの代わりに伝送用ミラーや光路を保護する装置さらにレーザ発振器に供給するレーザガスが必要となる。レーザ切断機の導入コストはガスやプラズマよりも高額となる。レー

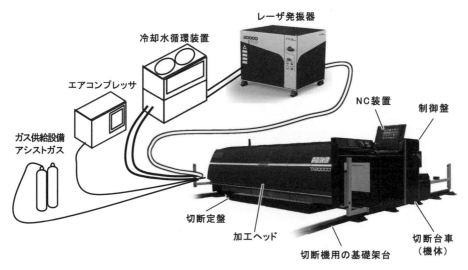

図4　ファイバーレーザ切断機の装置構成

ザ切断機は，1本トーチが主流である。また近年では，ファイバーレーザの高出力化に伴い，ヒュームの発生量が増え集塵装置が必要な場合が増えている。

3.　各熱切断の性能

表2に，ガス切断，プラズマ切断，レーザ切断の特徴を示す。この表は，評価方法として，すべてガス切断を基準として評価を行っている。したがって，「○」の数が多いほど，ガス切断より優れていることを示し，また，「×」がついている項目はガス切断より劣ることを示している。

表2より，すべての項目で優れている，または，劣っている熱切断法はなく，熱切断法の選択は，要求される切断材，切断板厚，切断品質，コスト等に対して行われることになる。

各熱切断法の対象切断材と切断板厚について説明する。ガス切断で切断できる材料は，軟鋼 6.0 ～ 600mm が主流であるが，過去においては 4,000mm まで切断した記録がある。

プラズマ切断の最大切断能力は，軟鋼は 50mm まで，ステンレス鋼は 150mm まで，アルミニウムは 100mm まで切断可能である。プラズマ切断では，**表3**に示すように切断材により作動ガスや補助流体，電極材料が異なる。

CO_2 レーザ切断の最大切断能力は，6kW 発振器で軟鋼は 32mm まで，ステンレス鋼は 25mm まで，アルミニウムは 12mm まで適応する。高出力化が続いているファイバーレーザ切断における最大切断能力は，20kW発振器で軟鋼，ステンレス鋼，アルミニウムのいずれも 40mm まで適応する。なお，レーザ切断の場合もプラ

ズマ切断と同様に，切断材によりアシストガスの種類が異なる。軟鋼切断は酸素または窒素，ステンレス鋼は窒素，アルミニウムは窒素または空気が一般的に使用される。

表4に各熱切断法で軟鋼 SS400 板厚 12mm の切断を行った場合の切断品質を示す。

切断品質の評価には，国際規格 ISO9013 があるが，日本国内においては日本溶接協会規格 WES2801 ガス切断面の品質基準を，ガス切断だけでなく，プラズマ切断，レーザ切断に適応して評価されている。

軟鋼 12mm の切断品質では，プラズマ切断の上縁の溶けを除き，どの切断法も 1 級の品質が得られている。各熱切断法を比較した場合，面粗度，ドロスの付着では差がないが，ベベル角度，上縁の溶けでは，レーザ切断が最も良く，ガス切断，プラズマ切断の順に品質が低下している。

レーザ切断は，他の熱切断法と比べて，カーフ幅が狭く，上縁の溶けがない等の特徴がある。

図5は，板厚 6 ～ 50mm の軟鋼 SS400 を対象に各種熱切断法の切断速度と切断板厚の関係を示している。

従来はプラズマ切断が最も速かったが，近年ではファイバーレーザの高出力化により，板厚 20mm 以上の領域では 300A プラズマと同等の速度が得られるようになった。また板厚 16mm 以下の領域ではアシストガスに窒素を使用することにより，更なる高速化が進んでいる。続いて CO_2 レーザ切断，ガス切断の順となる。また，切断が可能な板厚については，ガス切断が最も厚く，次にプラズマ切断，レーザ切断の順となる。

ランニングコストについては，ガス，電力，消耗品の各費用，および保守費と作業者の人件費の合計を時間単

表2　ガス切断、プラズマ切断、レーザ切断の特徴

（ガス切断を基準。〇（×）の数が多いほど、ガス切断より優れて（劣って）いる。）

評価項目		ガス切断	プラズマ切断	レーザ切断
対象切断材		酸素と反応する金属（軟鋼、チタン等）	すべての金属[*1]	すべての材料。ただし、反射物質及び光透過性のものは困難
対象切断板厚[*2]（単位：mm）		軟鋼 6.0～600	軟鋼　　　0.8～ 50 ステンレス　1.0～150 アルミニウム　1.0～100	軟鋼　　　0.1～40 ステンレス　0.1～40 アルミニウム　0.1～40
切断品質	面粗さ（軟鋼）[*3]	〇	〇〇（アルミ×）	×～〇
	平面度	〇	×～〇	〇
	ベベル角	〇	×～〇	〇
	上縁の溶け	〇	×～〇	〇〇
	スラグ付着[*4]	〇	×～〇	〇
	寸法精度（熱変形）	〇	〇〇	〇〇〇
	硬さ（軟鋼）	〇	〇	〇
	溶接性（軟鋼）	〇	〇[*5]	〇
生産性	切り込み時間	〇	〇〇	〇
	切断速度	〇	〇〇〇	〇
	歩留まり（溝幅）	〇	×	〇〇
	多本同時切断	〇	×	××
	共通線切断	〇	×	〇
	自動化率	〇	〇〇	〇〇〇
	メンテナンス性	〇	×	〇
	ランニングコスト[*6]	〇	〇	×～〇
	付帯設備	〇	×	×
	設備費	〇	×	××
作業環境	ヒューム（粉塵）	〇	××	×
	騒音	〇[*7]	×	〇〇[*7]
	光	〇	×	××
	熱輻射	〇	〇〇	〇〇〇

＊1　非移行式プラズマを使用すれば、非金属の切断も可能であるが、実績に合わせた。
＊2　一般的に適用される板厚の目安。
＊3　粗さに関しては、軟鋼板厚12～20mmで評価した。
＊4　プラズマ切断、レーザ切断では、スラグをドロスと表現している。
＊5　エアプラズマの場合、切断面に窒化物生成の可能性あり。
＊6　トーチ1本当たり。（¥／m）　軟鋼板厚25mmまでを対象とした。
＊7　アウトミキシング（ガス切断）及び高圧窒素（レーザ切断）の場合、騒音は大きくなる。

表3　プラズマ切断の適用範囲

対象切断材	一般的な作動ガス	補助流体※1	電極材料	切断適用板厚
軟鋼	酸素	空気	ハフニウムまたは炭化ハフニウム	0.5～50mm
	空気	空気	ハフニウムまたはジルコニウム	0.5～40mm
ステンレス鋼	アルゴン＋水素＋窒素※2	窒素	タングステン	0.5～150mm
	窒素	窒素または水	タングステンまたはハフニウム	0.5～75mm
	空気	空気	ハフニウムまたはジルコニウム	0.5～40mm
アルミニウム	アルゴン＋水素＋窒素※2	窒素	タングステン	0.5～100mm
	窒素	窒素または水	タングステンまたはハフニウム	0.5～75mm

※1　補助流体は使用されない場合もある
※2　2種混合の場合もある。ガスの混合比により切断適用板厚は異なる。

表4　熱切断法の板厚12mmの切断品質比較

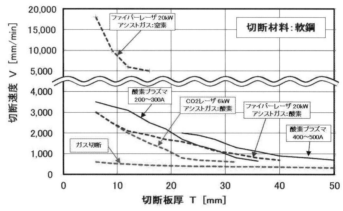

		ガス切断	プラズマ切断	CO₂レーザ切断（パルス）	ファイバーレーザ切断（CW）
	切断面				
	カーフ形状				
切断品質	面粗度（※1）	30μm	10μm	20μm	20μm
	ドロスの付着	なし	なし	なし	なし
	ベベル角度	1度以下	1.5度以下（片側のみ）	0.6度以下	0.5度以下
	上縁の溶け	わずかに丸み有り	丸みがある	なし	なし
カーフ幅		1.5mm	3.0mm	0.7mm	1.2mm

※1　面粗度は、十点平均粗さRzJISで示している。

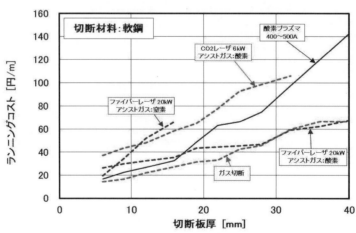

図5　各熱切断法の切断板厚と切断速度

図6　各熱切断方法のランニングコスト比較

価で算出し，それに切断速度を考慮して単位切断長さのコストで考えることが一般的である。ガス，電力等のコストは地域や使用量によって変わるため，各切断法を一概に比較することは難しいが，一般的な価格を基に1本トーチで切断した場合の単位切断長さ（1m）当りの，人件費を除いたランニングコストの試算結果を図6に示す。全体としてガス切断が最も安いが，板厚25mm以上の領域ではファイバーレーザ切断とほぼ同等とな

る。ファイバーレーザ切断はCO₂レーザ切断よりも消費電力が小さく，レーザ発振に必要なレーザガス，ミラー等の消耗品が少ないため，ランニングコストは低くなる。但しアシストガスに窒素を使用した場合，前述の通り切断速度は向上するが，アシストガス消費量が増加するため，ランニングコストは高くなる。続いてプラズマ切断，CO₂レーザ切断切断の順となる。

　実際のコスト算出では，人件費を含めて考慮する必要

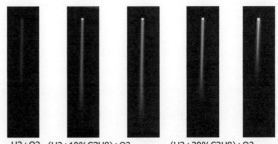

H2+O2　(H2+10%C3H8)+O2　(H2+30%C3H8)+O2
(H2+20%C3H8)+O2　　　C3H8+O2

※水素用火口

写真2　　予熱炎の外観

水素ガスによる開先切断　　水素ガスによる切断面

写真3　水素切断の切断風景と切断面写真

があるが，複数のトーチを使用できるガス切断，切断速度が速いプラズマ切断，無監視運転ができるレーザ切断等様々なケースがあるので，各切断における人件費を実際に調べて比較検討する必要がある。

4. 各熱切断の最新技術

ここでは，各種熱切断方法について，ここ数年で話題となった技術について示す。

4.1　ガス切断

ガス切断は，燃料ガスに炭化水素系ガス（アセチレン，プロパン）が多く使用されているが，近年CO_2削減と能力向上から，燃料ガスに水素ガスを使用するガス切断が注目されている。水素ガス単体では，白心が見えず火炎調整ができないことから，着色のために水素ガスに若干の炭化水素系のガスを混ぜて使用されている。**写真2**に予熱炎の概観を示す。水素ガスを使用した場合，炭化水素系ガスと比較すると，切断時の火炎からの輻射熱が少ないこと，切断速度が速くピアス時間が短縮できること，熱変形が少ないこと，開先切断が容易であること，爆発限界下限値及び発火温度が高いためアセチレンやプロパンに比べ安全であること等の特徴が挙げられる。**写**

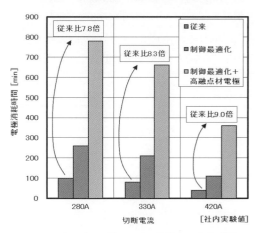

図7　プラズマ切断における消耗品の寿命時間

真3に燃料ガスに水素ガスを用いたガス切断面を示す。

また近年では，ピアシング時のスパッタ付着を低減できる新たな火口が販売されており，従来の火口寿命より2〜8倍長寿命化する実績も得られている。

4.2　プラズマ切断

最近のプラズマ切断装置は，アークON/OFF時のガス及び電流制御を最適化し，電極やノズルの冷却効率を向上させることで，消耗品の長寿命化が図られている。また，酸素プラズマ切断用の電極チップはハフニウムが広く使用されているが，ハフニウムよりも高融点の材料を電極チップに採用することで，寿命を飛躍的に向上さ

表5　CO_2レーザとファイバーレーザの切断品質比較

	6kW-CO₂レーザ	6kW-従来ファイバー	12kW-最新ファイバー	20kW-最新ファイバー
切断面写真				
切断速度(mm/min)	650	650	1,000	1,400
面粗度(μm)※1	27.9	85.3	30.1	31.8
カーフ幅差(mm)	−0.91	−1.06	−0.44	−0.66
ベベル角度(°)	−1.0	−1.5	−0.2	−0.4
凹み(mm)	0.20	0.45	0.04	0.06
ドロス	無	無	無	無

※1　面粗度は、十点平均粗さRzJISで示している。

せる技術も開発されており，**図7**にこれらの消耗品寿命データの一例を示す。これらの他に，切断中のトーチと材料の接触によるノズル損傷を低減する等の対策を講じることで，実運用ベースでの消耗品全体の長寿命化も図られている。

4.3　レーザ切断

レーザ切断では，近年 CO_2 レーザに替わりファイバーレーザが広く普及している。この背景には，各種切断機メーカがファイバーレーザに適した光学設計や流体制御の最適化に取り組んだ結果，これまで問題であった切断面中央の粗さや凹みやベベル角度が大きく改善し，板厚25mm の中厚板でも CO_2 レーザと比較して遜色ない切断品質が得られるようになったことが挙げられる（**表5**参照）。

また，ファイバーレーザは高出力化が進んでおり，レーザの高出力化に伴って切断速度の向上と切断可能な板厚範囲が大幅に広がっている。6kW ファイバーレーザにおける CW 切断の適用板厚範囲は 16mm までであったが，12kW では 28mm，20kW では 40mm まで拡張できたという切断結果も得られており，プラズマ切断の適用範囲に迫ってきた。**図8** に示すように 500A プラズマの切断速度に対してレーザ出力が大きくなるにつれて切断速度も近づいており，特に板厚 40mm ではプラズマに対して 78% の切断速度にまで近づいてきている。

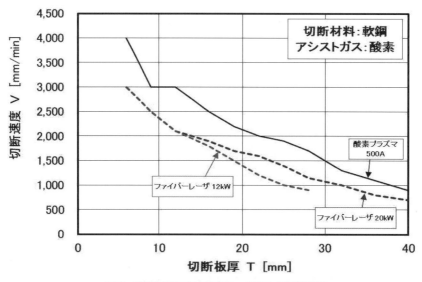

図8　垂直切断における各レーザ出力の切断速度

表6　ファイバーレーザと CO_2 レーザの表 45 度開先切断面比較

	20kW ファイバレーザ	6kW CO_2 レーザ
板厚	25mm	16mm
垂直		
切断速度	1,700mm/min	1,500mm/min
表45度開先		
切断速度	950mm/min	700mm/min

さらに，開先切断への適応も進んでおり，6kW-CO_2レーザと20kWファイバーレーザの開先切断能力比較として，軟鋼材の45度開先切断における切断品質比較を**表6**に示す。表45度開先切断が可能な最大板厚は，6kW-CO_2レーザが16mmに対して，20kWファイバーレーザは25mmに拡張している。開先切断品質については，6kW-CO_2レーザの板厚16mmと20kWファイバーレーザの板厚25mmはほぼ同等となっている。また，**図9**に示すように500Aプラズマの切断速度に対して，20kWでは垂直切断と同じく開先切断においてもプラズマ切断の速度に迫っている。

5. 安全

熱切断では，切断開始時の孔あけ時（ピアシング，ピアス）に，激しいスパッタ（高温の溶融金属）の飛散がある。切断機周辺に可燃物が放置してあると，スパッタにより引火し火災の原因になる。スパッタは，状況により5m以上飛散することもあり，スパッタによる火災の防止は，非常に重要である。一般的な防止策は以下の通りである。

・切断機周辺には，絶対に可燃物（加工図面，作業指示書，ウエス，軍手，油，ゴミ箱）を置かない。

・切断機周辺の清掃，整理，整頓。

・無人運転はしない。

自動切断機であっても，万が一の場合に備え，消火器を用意しておくことも重要である。

表7に各熱切断作業の危険性，環境保全，公害関係について示す。

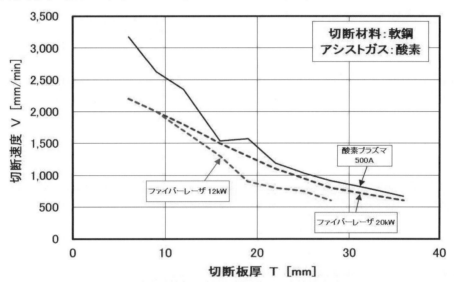

図9　表45度開先切断における各レーザ出力の切断速度

表7　切断作業中の危険性、環境保全、公害関係

項目	小項目	評価の基準	ガス切断	プラズマ切断	レーザ切断
作業および作業環境	作業中の危険性	作業中に注意しなければならない危険性とその予防方法または設備	逆火。アセチレンを用いた場合には、高圧ガス保安法の規定により、逆火防止装置を設置しなければならない。	感電。切断中人体がトーチに接触しまいようにしなければならない。	材料表面からの乱反射光。アクリル板等による遮蔽板の設置。
	作業環境の保全	作業環境の清掃の保全		集塵装置を設置して、切断材料によるヒューム及び粉塵並びにプラズマアークによるNOXの排除を行う。	
	騒音	切断中、ノズルおよび切断溝から発生する騒音。	切断溝を切断酸素気流が吹き抜ける音がレーザ切断に比べ高い。	最も高い。装置に施す設備は開発されていない。耳栓を着用する。	ガス切断に比べて低い。
	光	切断材料が溶融又は燃焼する際に発生する光及び切断手段が発生する光が目に与える障害の予防方法	作業者が保護眼鏡を着用する。	作業者が保護眼鏡を着用する。切断トーチに遮光フードを装着する。	作業者がレーザ光の種類と出力にあった保護眼鏡を着用する。

ガス切断では，アセチレンやプロパン等の燃料ガスと酸素ガスを使用するため，逆火に注意する必要がある。

従来，アセチレンを用いる場合は，逆火防止器の設置が義務付けられていたが，「ガス切断・ガス溶接等の安全技術指針」（2017 年）によりプロパンでも逆火防止器を取付けが必須となり，酸素ガスでも使用することが望ましいとされた。また，切断機の能力を最大限に引き出し，且つ，安全に使用するために，使用機器には使用できる期間が示され，圧力調整器は 7 年，吹管は 5 年，逆火防止器は 3 年とされた。ガス切断で使用される機器では，安全に使用されるためには，日常点検，定期点検を実施することが必要不可欠となった。

プラズマ切断では，切断している時の音とプラズマ光およびヒュームの発生に留意する必要がある。切断時の音の強さは，約 110dB デシベルと非常に大きな音を発生するため，耳栓等の遮音対策が必要である。また，切断時の光は非常に強く，直接作業者は勿論のこと周囲作業者に対しても遮光対策が必要となる。熱切断の中でも，プラズマ切断はヒュームの発生量が多く，集塵装置等の設置も必要である。なお，プラズマ切断により発生するヒュームおよび塩基性酸化マンガンが，労働者に神経障害等の健康障害を及ぼすおそれがあることが明らかになったことから，労働者の化学物質へのばく露防止措置や健康管理を推進するため，労働安全衛生法施行令，特定化学物質障害予防規則および作業環境測定施行規則ならびに作業環境評価基準等について改正が行われ，2021 年 4 月 1 日から施行されることとなった。これにより，アークを用いて金属を溶断またはガウジングする作業または業務について，新たに作業主任者の選任，作業環境測定の実施および有害な業務に現に従事する労働者に対する健康診断の実施が必要となり，当該労働者が適正な呼吸用保護具を適切に装着されていることを確認し，その結果を 3 年間保存することが義務付けられている。

レーザ切断では，切断で使用されているレーザ光は目視できない光であり，特にファイバーレーザは眼に対する危険度が非常に大きい。レーザ光が眼に入ってしまった場合，CO_2 レーザでは角膜や水晶体でレーザ光が吸収されて眼の表面の傷害で済むが，ファイバーレーザでは眼球奥の網膜で焦点を結ぶことになるため，最悪の場合，失明に至ることがある。そのため，作業の際は必ず保護メガネの着用が必要である。なお，保護メガネの仕様は使用するレーザにより異なるため，レーザの種類（波長）や出力にあった適切なものを選ぶ必要がある。ちなみに，ファイバーレーザにおいて，2 ～ 19kW の出力には OD（Optical Density: 光学濃度）7，20kW 以上の出力には OD8 の保護メガネが必要である。また，CO_2 レーザでは，レーザ出力 6kW で OD5 の保護メガネが必要である。

6. おわりに

ここまで熱切断の代表であるガス切断，プラズマ切断，レーザ切断について，原理，性能，最新技術等について説明してきた。3 つの熱切断法それぞれの特徴について理解いただけたと思う。今後の販売活動の参考にして頂ければ幸いである。

参 考 文 献

1) 日本溶接協会　ガス溶断部会　技術委員会　溶断小委員会：要説　熱切断加工の "Q&A"，日本溶接協会（2009）
2) ガス切断の性能と品質・安全　2010.8.26　（社）日本溶接協会　熱切断講習会資料
3) 日本溶接協会：日本溶接協会規格 WES2801　ガス切断面の品質基準（1980）
4) 長堀ら：中・厚板レーザ切断の最新技術　日本溶接学会論文集
5) 山本：2022 国際ウエルディングショートレンドセミナー講演資料「長寿命プラズマ切断装置用 HfC 電極」
6) 厚生労働省労働基準局長：基発 0422 号第 4 号　労働安全衛生法施行令の一部を改正する政令等の施行等について
7) 労働安全衛生総合研究所：ガス切断・ガス溶接等の作業安全技術指針 JNIOSH-TR-No.48:2017

電動工具を使用した研磨・研削作業の基礎知識

阿部 鉄平
ボッシュ株式会社 電動工具事業部 トレーニンググループ

1. 電動工具（コード式）の基本構造

電動工具には100Vのコンセントから電源を取るコード式と，電池の力で動かすバッテリー式の2種類がある。これらの電動工具を販売していくうえにおいては，まず，それぞれの基本的な構造について理解しておく必要がある。

まずコード式の電動工具は，100V電源から送られる電気によって中に組み込まれているモーターが動き，様々な作業を行う。しかし，いくら電気が100％通っていても，仕事量としては100％の力を発揮することはできない。なぜなら，電気によってモーターが回転力に換わるとき，発熱したり，音が出たりするほか，発熱を抑える冷却機能が働くなどして，エネルギーを約30％ロスしてしまうためである。さらに削る，磨くなどの作業を行う際に発生するギアの摩擦抵抗が約10％加わるため，いくら最高に効率の良い電動工具を使用したとしても，最大で約60％の力しか発揮できないということになる。

ここで覚えておいてほしいポイントは，「最高に良い環境で，最高に良い電動工具を使用した時でさえ作業効率としては約60％の力しか発揮できない」ということである。

皆さんが担当されているユーザーの職場環境はいかがだろうか。例えば，遠いところから近くに電源を持ってくるために使用される電工ドラムは，コードをぐるぐる巻きのまま使用されているケースが多いと思われる。これはコイルをぐるぐる巻いているモーターと同じ状態にあり，電圧降下が起きるほか，時には発熱して機械の故障の原因にもなりかねない。このような環境下で電動工具を使用すると，作業効率は60％をはるかに下回ってしまう。

そこでまず，ユーザーに対しては電動工具を売る前に，作業効率の改善から提案していくことを心がけていただきたい。そうすることで，電動工具は最大限の力を発揮でき，ユーザーのお役に立てるのである。

2. 電動工具の冷却

作業効率を改善するために重要なポイントの一つとして，「モーターを冷却する」という対策が挙げられる。

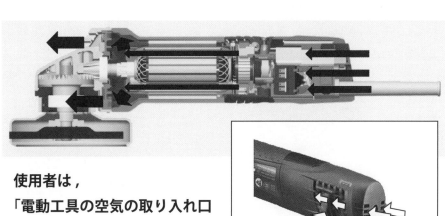

使用者は，
「電動工具の空気の取り入れ口を確保した保持」をする必要があります。

図1　モーター内部を冷却する仕組み

電動工具にはあらかじめモーターを冷却するためのファンが内蔵されており，モーターと同じ回転数で回転することによって外部から空気を取り込み，内部を冷却する仕組みになっている（**図1**）。ここでチェックしていただきたいポイントは，ユーザーが空気取り入れ口を確保した状態で使用されているかどうかということである。空気取り入れ口は通常，本体の後部に設けられている，ここをふさいだ状態で使用してしまうと空気が取り込めず冷却できないため，結果として作業効率が悪くなってしまう。

しかし，いくら空気取り入れ口を確保して作業していても，大きな負荷がかかる作業や長時間の連続運転などで電動工具が熱くなる場合がある。そのような相談を受けたときは「冷ましてください」とアドバイスするのだが，どうすればよいのかわからないユーザーもおられ，中には「冷蔵庫で冷やせば良いのか」という方も過去にはいらっしゃった。

それよりも効率よく冷やす方法がある。それは「無負荷の状態で100％の回転数にして，空気の取り入れ口・排出口をふさがずに本体の冷却ファンを回して冷却する」という方法である。すなわち，空回し。こうすることで従来，電動工具自身が持っている冷却能力を最大限に発揮することができる。いくら熱くなった電動工具でも時間にすれば2分くらいあれば十分冷却できるので，現場等でそのようなシーンに出くわしたときは是非ともアドバイスしてあげていただきたい。

3. コードレス工具

コードレス工具は電源が文字通り電源コード無しで，充電式のバッテリーを使用する電動工具で，メーカーによってはバッテリー工具・充電工具などと呼ぶケースもある（**図2**）。現在，バッテリーの主流はリチウムイオン電池となっている。リチウムイオン電池は充電管理が容易で，高エネルギーかつ高密度で小型・軽量で効率が非常に良い特徴を持っているからである。

コードレス工具のモーターは直流式のモーターを採用しているので，低回転でも非常に大きなトルクを持っているのが特徴である。電気自動車の出足が非常に速いのもそ

図2　コードレス工具

のため。コードレス工具はこうしたパワーに加え，エネルギー変換効率が高く，取り回しが良いことから，あらゆる職種で使用されるようになってきた。

現在の電動工具の販売構成比でいうと，コードレス工具はすでに70％に達している。電圧は10.8～36Vまでたくさん発売されているが，主力は18Vクラスのコードレス工具で，工事現場などではコード式工具にとって代わっている。また，100V・15Aという制約のあるコード式工具を上回るパワーを持つ製品も登場している。

コードレス工具はモーターの発熱量が少ない上，移動して作業する使い方が多いため，発熱することは稀だと思うが，万が一，熱くなってしまった場合は，コード式工具と同様に無負荷運転をしていただくようアドバイスしてほしい。

4. ディスクグラインダーを提案する

砥石をセットして切る，磨く，削るといった作業を行うディスクグラインダーは，ものづくり現場のあらゆるシーンで活用されている。そのディスクグラインダーに対するユーザーニーズを当社が調べたところ，「性能」はもちろんのこと，それと同じくらい「安全性」に対する要求が強いということがわかった。特に「安全性」については，操作性にかかわる「重量」・「サイズ」より重要視されているのが実情である（**図3**）。

砥石外周上の1点が1秒間に進む速さのことを「周速度」というが，「毎分40mの周速度」とは一体，どれくらいの速さかご理解いただけるだろうか。実はこれを時速に換算すると，200km/hを超えている。この速度で刃物が回転しているのだから，安全面に神経を遣うのはもっともなことだと言える。

そのため，ディスクグラインダーを使用する際には安全性を確保するための法令が定められている。それは，①事業者は砥石の交換・試運転について特別教育を受けた人に行わせる②試運転（無負荷で製品の最大回転で回す）は砥石交換時3分間以上，作業開始時1分間以上を行う③ディスクグラインダーで金属切断用砥石を使用する場合，切断砥石の両面を180度以上，カバーで覆う——といった内容である。もし，これらの法令を無視し，例えばカバーを外した状態で販売して事故が起こったとすると，販売した人が賠償責任を負う可能性もあるので注意してほしい。

なお，この法令は国内に限ったことではあるが，海外

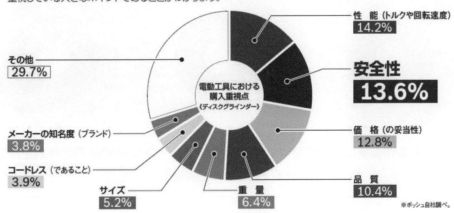

ユーザー調査の結果
「**安全性**」は、ユーザー調査の結果からも、プロユーザーがディスクグラインダーを購入する際に重視している大きなポイントであることがわかります。

電動工具における購入重視点《ディスクグラインダー》

- 性　能（トルクや回転速度）14.2%
- **安全性 13.6%**
- 価　格（の妥当性）12.8%
- 品　質 10.4%
- 重　量 6.4%
- サイズ 5.2%
- コードレス（であること）3.9%
- メーカーの知名度（ブランド）3.8%
- その他 29.7%

※ボッシュ自社調べ。

図3　ディスクグラインダーのユーザーニーズ

ではより厳しい安全対策（国際規格）が求められている。例えば保護カバーについては「万一，保護カバーの位置がずれてしまう場合，90度以内になること」，「スイッチをON保持状態にするためには異なる2アクションを必要とし，OFFにする際には1アクションでできる」などであるが，ヨーロッパの一部の国では「使用者がスイッチ部を保持していない限り作動しない安全な構造でなくてはならない」という機械構造に対して厳しい要求の国も出てきている。

5.　ディスクグラインダーのトラブル

　ディスクグラインダーは機械の性質上，使用する現場で様々なトラブルが発生する。例えば作業中に砥石が何らかの理由で破損した場合，保護カバーが動いて砥石が飛散してしまうケースがあるので，ユーザーにはグラインダー作業の前方はなるべく広いスペースをとっていただくことを勧めてほしい。また，切断砥石で切断作業中，材料に砥石が挟まれ，大きな反動が来る「キックバック」や，ほかの作業者が電源を勝手に抜き差しすることによって起こる突然停止，突然始動も大きな事故につながりかねない。突然，電源が入るとグラインダーが暴れてコードが切断されたり，場合によっては足にも当たる可能性があるので注意が必要だ。このような危ない場面を見かけた場合，ユーザーに注意を喚起していくことも，営業マンとして非常に重要なことだと言える。
　このようにディスクグラインダー作業における安全性の確保は，電動工具業界にとっても大きなテーマの一つとなっている。過去は厚生労働省指導のもと，直接的な

事故事例から対応策がとられてきたが，現在では蓄積される疲労による健康被害を防ごうという取り組みも業界を挙げて取り組んでいるところだ。
　電動工具は，持ち手を通じて身体に振動が伝わる。これが長時間続くと，健康に障害をきたす可能性がある。代表的な例として「白蝋病」（はくろうびょう）が挙げられる。白蝋病は発症すると指先の毛細血管が麻痺して血流が悪くなり，文字通り指が蝋（ろう）のようになることから命名された。昭和40年代に林業の労働者で多発したことでも有名な病である。そのような健康被害から守るために電動工具についても，メーカー各社が「振動3軸合成値」という数値を算出し，それをカタログ等で明記することになった。振動3軸合成値を定められた数式に当てはめると，1日当たりの振動ばく露量を割り出すことができるため，雇用者が従業員の健康管理をするうえで非常に有効となる。ユーザーから問い合わせがあった際は，カタログをめくって教示してほしい。

6.　ディスクグラインダーのトレンド

　最近は生産性の向上はもとより，高齢化社会に対応し，作業者の安全対策が大きなトレンドである。そのため，ディスクグラインダーでは安全対策機能を組み込んだ製品が増えてきている。複数の作業者が近くで作業する環境において，人的ミスからの事故を回避する機能として再始動防止機能を装備する製品，また切断作業で発生するキックバックに対してセンサー技術で製品を制御する機能を装備した製品が増加している。また近年では，安全のためスイッチの位置が常時保持する本体ボディ部に

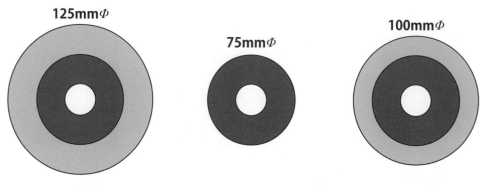

125mm の砥石の作業量は7,850 ㎟　　**100mm の砥石の作業量は3,435 ㎟**

図4　グラインダーの作業性

配置するデザインになってきている。

　前述した振動ばく露量を少なくするためには，効率よく作業を終えることが理想となる。ディスクグラインダーで使用する砥石は，言うまでもなく使用するほど径が小さくなっていくが，径が小さくなると，グラインダーの回転するスピード，すなわち周速が落ちていく。そうなると比例して作業効率が落ちるのは当然のことである。しかし，径の大きな砥石の方が効率は良いため，ユーザーはできるだけ大きな径の砥石を使用したいというのが本音だと思われる。

　そこで，外径180㎜の砥石を使って作業して，125㎜まで径が小さくなった場合を考えてみよう。当然，それまで行っていた作業の効率はかなり下がるが，小さくなった砥石を別の用途で使用することは可能である。しかし，本体が大きすぎるため，125㎜に適した狭い場所等での作業は不向きだと言える。

　そのため，最近では100㎜クラスのコンパクトボディーであるにも関わらず，125㎜の砥石が取り付けられるディスクグラインダーが登場し，脚光を浴び始めてきた。例えば外径125㎜になった砥石を75㎜まで使用した場合，作業量（使用した面積）は7,850㎟なのに対

し，100㎜の砥石で75㎜まで使用すると，作業量は3,435㎟と実に半分以下となる（**図4**）。つまり，125㎜の砥石で作業すれば交換頻度が下がり，ランニングコストを大きく低減させることができるのである。本体の価格は100㎜専用機に比べて若干高くなるが，最も高い人件費に対して，「生産性のない砥石の交換作業に費やす時間を削減する」という省力化の提案をしていただければ必ず売れるし，またユーザーにも喜んでいただけるはずだ。

7．提案で売れるディスクグラインダー

　ディスクグラインダーには，他の電動工具には使われない「最大出力」という数値がある。測定方法の規則がないので，理解に苦しむところではあるが，一般的に最大出力とは，連続ではない負荷で作業できる最大のパワーのことを指す。この数値が大きいほど，大きな負荷がかかっても作業に十分な回転数を維持することができる。ちなみにディスクグラインダーの作業で最も負荷がかかるのは，ワークに接触する面積の多い研磨作業である（**図5**）。

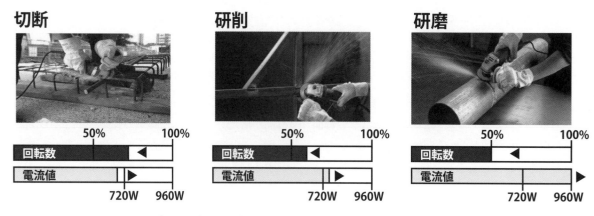

図5　ディスクグラインダーの負荷（入力 720W、最大出力 960W の製品例）

図 6-1　２モーションスイッチ

図 6-2　パドルスイッチ

図 6-3　パドルスイッチ部

またディスクグラインダーには，「低回転・高トルク型」というタイプがある。ディスクグラインダーに無理をかけても回転数が落ちにくいため，フラップディスク（多羽根）での金属表面仕上げ作業やカップワイヤーブラシでの表面クリーニング作業，コンクリートの切り込み作業など重作業に最適である。

さらに「回転数変速式」は回転数を下げることで接触面の速度が下がり，対象物の温度上昇を抑えることができるため，ステンレス溶接面の仕上げ作業（焼けによる変色を発生させない），3㎜以下の薄い金属板の仕上げ作業（熱変形を防ぐ），素材表面の鏡面仕上げ作業など，回転数を下げる作業が必要なユーザーに有効である。

8．ニーズ高まる作業プロセスの省力化・効率化

電動工具では長い歴史を持つディスクグラインダーだが，消耗品である砥石などの先端工具の交換作業のプロセスは，製品が誕生して以来同じであった。ドリルなどでは，先端工具の交換においてチャックハンドル（チャックキー）を使用していたものが，現在は道具を使わない「キーレスチャック」式へ進化し，作業の準備に要する

プロセスの省力化が標準になった。

ディスクグラインダーではこれまで，このような改善がなかったが，2019 年に旧来のスパナや固定ナットによる先端工具の固定方法から，工具不要のワンタッチで砥石を取り外すことができる「X-Lock」方式が誕生。これによって作業準備のプロセス省力化と，作業後の速やかな砥石の停止を行うブレーキが装備できるようになり，ディスクグラインダーを使う工程の省力化が具現化できた。

安全に対しては，使用者が瞬時にディスクグラインダーのスイッチを切断するために，使用中に常時保持する位置にスイッチを配置し触れるだけで解除できるスライドスイッチや，保持するボディの外周部に大きく露出したパドルスイッチなどが登場。安全に配慮したスイッチ形状は多岐にわたるようになっている（図 6-1, 2, 3）。

このように，電動工具はカタログだけでなく，ユーザーの求めているニーズに対し的確に提案することで，さらなる拡販が見込める商材だと言える。

是非とも多くの顧客が使用する道具なので，最も重要な「作業者の安全対策」と「作業プロセスの省力化・効率化」を重点的に顧客に提案し，信頼強化に利用していただきたい。

安全・衛生の基礎知識

山田　比路史

株式会社重松製作所

1. はじめに

特定化学物質障害予防規則（以下，特化則）の改正（令和2年4月）によって，「溶接ヒューム」が特定化学物質（以下，特化物）になったこと，および従来の「マンガンおよびその化合物（塩基性酸化マンガンを除く。）」から「（塩基性酸化マンガンを除く。）」が削除され，「マンガンおよびその化合物」に変更されたことは，溶接業界に大きな衝撃を与えた。

これによって，従来から行ってきた，粉じん障害防止規則（以下，粉じん則）によるじん肺対策だけでなく，特化則による実施事項が加わった。呼吸用保護具に関する事項だけでも，呼吸用保護具選定のためのマンガン濃度測定，面体が着用者の顔に適したものであるか否かを検査するフィットテストなどを実施しなければならなくなった。

本稿では，特化則に関する事項に重点をおき，その他の安全・衛生に関する危険・有害因子に対応するための個人用保護具について説明する。

2. 溶接等作業で考慮すべき 危険・有害因子と個人用保護具

溶接等作業における安全・衛生に関する危険・有害因子は，**表1**（次頁に記載）に示すとおりであり，その数は，製造業，建設業などの他の作業と比べても非常に多いように思われる。これらの因子の中には，その影響を低減する工学的方法もあるが，現時点では，個人用保護具に大きく依存している。この状態は，溶接等作業者が着用する個人用保護具のすぐ外側には危険・有害因子が充満していることを意味している。したがって，使用する個人用保護具は適切なものでなければならず，正しく使用する必要がある。

3. 有害物質からの防護

3.1 溶接ヒューム

溶接ヒュームは，アークなどの熱によって溶融した母材および溶接材料から蒸発した成分が，空気中で冷却されて生成する凡そ 0.01 μm 〜 0.1 μm の微細な固体の球状粒子である。これらは，単独または鎖状の集合体として空気中に浮遊している（**写真1** 参照）。

溶接ヒュームの有害性として，じん肺，肺がん，神経機能障害などが指摘されている。

じん肺は，肺の機能であるガス交換（酸素を取り込み，二酸化炭素を排出）が損なわれる病気で，不治の病と言われている。

特化則の改正で，溶接ヒュームが特化物となった。これは，肺がん発症のリスクが高いことなどの理由による

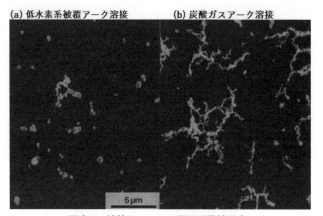

(a) 低水素系被覆アーク溶接　　**(b) 炭酸ガスアーク溶接**

5 μm

写真1　溶接ヒュームの電子顕微鏡写真

表1　溶接等作業における危険・有害因子、人体への影響および個人用保護具

危険・有害因子		人体への影響		個人用保護具
		部位	主な影響	
有害物質	- 溶接ヒューム (Mn およびその化合物など)	呼吸器ほか	- じん肺 - 肺がん - 神経機能障害	- 防じんマスク - 電動ファン付き呼吸用保護具 - 送気マスク
	- 有毒ガス (CO_2、CO、O_3、NO、NO_2 など)	呼吸器ほか	- 血液の異常 - 中枢神経障害 - 心臓・循環器障害	- 送気マスク
酸素欠乏	- 酸素濃度 18%未満の状態	呼吸器ほか	- 酸素欠乏症	- 送気マスク - 空気呼吸器
有害光	- 紫外放射 - 強烈な可視光 - 赤外放射	眼	- 角膜炎・結膜炎 - 白内障 - 光網膜炎	- 遮光めがね - 溶接用保護面 - レーザ保護めがね
		皮膚	- 皮膚炎 - 皮膚がん	- 溶接用保護面 - 溶接用かわ製保護手袋
スパッタ スラグ		眼	- 外傷	- 溶接用保護面 - 遮光めがね／保護めがね
		皮膚	- 熱傷	- 保護衣類 - 安全帽 - 安全靴 - 溶接用かわ製保護手袋 - 前掛け - 足カバー - 腕カバー
アーク熱		全身	- 熱中症	- 冷房服
騒音		耳	- 難聴	- 耳栓 - 耳覆い
電撃(感電)		皮膚	- 熱傷	- 絶縁性の安全靴 - 絶縁性保護手袋
		臓器・器官	- 筋肉の硬直 - 心臓・循環器障害 - 中枢神経障害	
墜落		全身	- 外傷・打撲 - 内臓破裂 - 脳の損傷	- 墜落制止用器具 - 墜落時保護用の保護帽

ものである。

　また，特化則の改正によって，「マンガンおよびその化合物（塩基性酸化マンガンを除く。）」から「マンガンおよびその化合物」に変更された。これは，溶接ヒュームには，塩基性酸化マンガンが含まれており，溶接ヒュームばく露による神経機能障害が報告されていることによる。

　溶接ヒュームに対して通常用いられる呼吸用保護具は，防じんマスク（**3．3**参照）または電動ファン付き呼吸用保護具（以下，PAPR(1)）（**3．4**参照）である。

　　注 (1) PAPR は，電動ファン付き呼吸用保護具の対応英語である "Powered Air-Purifying Respirator" の頭文字を用いた略語。

　特化則に関係し，溶接ヒュームに含有するマンガン及びその化合物の濃度が非常に高く，防じんマスク又は PAPR で対応できない場合には，送気マスク（**3．5**参照）を使用する場合がある。

3．2　有毒ガス

　溶接の種類によって発生する有毒ガスの種類は異なるが，一般に，二酸化炭素（CO_2），一酸化炭素（CO），オゾン（O_3），ノックス（NO，NO_2）などが発生するおそれがある。

　マグ溶接では，シールドガスの二酸化炭素（炭酸ガス）（CO_2）が，アーク熱で分解され，瞬間的に数 100 ppm の一酸化炭素（CO）を発生することがある。このため，換気の悪い作業場所では，一酸化炭素中毒に注意する必要がある。

　有毒ガスが発生する場合は，換気によってある程度対

応できるが,呼吸用保護具を使用する必要がある場合は,送気マスク（**3.5**参照）を選択するのが一般的である。なお,防じんマスクまたはPAPRのろ過材の種類には,活性炭素繊維を含有しているものや活性炭素繊維層を付加したものがあるので,それらを使用することによって低濃度のオゾン（O_3）に対応することができる。

3.3 防じんマスク

3.3.1 概要

防じんマスクは,着用者の呼吸によって環境空気を吸引し,その中に含まれる粉じんなどをろ過材で除去する呼吸用保護具である。

防じんマスクは,厚生労働省の型式検定が行われており,これに合格した製品を使用しなければならない。型式検定に合格した製品には,検定合格標章が付いている。防じんマスクの種類,構造,性能などは,「防じんマスクの規格」（昭和63年労働省告示第19号）に適合していなければならない。

なお,JIS T 8151（防じんマスク）もあるが,使用者に混乱を与えないようにするために,「防じんマスクの規格」に整合する内容となっている。

3.3.2 防じんマスクの種類

防じんマスクには,取替え式防じんマスクと使い捨て式防じんマスクがある。

a) 取替え式防じんマスク

取替え式防じんマスクは,構成品が劣化,機能低下などがあったときに,その構成品を交換または手入れをして,再使用できるものである。

取替え式防じんマスクには,吸気補助具付き防じんマスク（**図1**参照）と吸気補助具付き防じんマスク以外のもの（以下,吸気補助具なし防じんマスク）（図2参照）とがある。

吸気補助具付き防じんマスクは,内蔵する送風ファンによる小流量の送風が着用者の呼吸を楽にするというものである。流量が少ないため,防護性能については,吸気補助具なし防じんマスクと同じ位置付けになっている。

b) 使い捨て式防じんマスク

使い捨て式防じんマスクは,ろ過材と面体が一体となったもので,防じんマスクとして使用に耐えられなくなったとき,または取扱説明書に記載されている使用限度時間に達したときに,全体を廃棄し,新品と交換するものである（**図3**参照）。

3.3.2 防じんマスクの粒子捕集効率

防じんマスクの最も重要な性能である粒子捕集効率は,**表2**のとおりである。

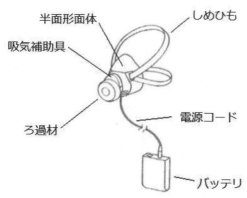

図1 吸気補助具付き防じんマスクの例

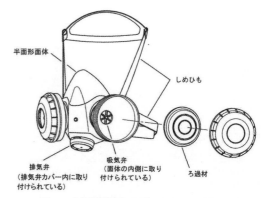

図2 吸気補助具なし防じんマスクの例

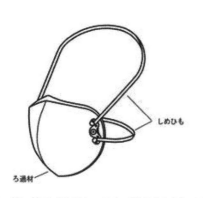

図3 使い捨て式防じんマスク（排気弁なし）の例

表2 防じんマスクの粒子捕集効率

種類	区分	粒子捕集効率 %	試験粒子
取替え式防じんマスク	RL3	99.9 以上	DOP 粒子 [a]
	RL2	95 以上	
	RL1	80 以上	
	RS3	99.9 以上	NaCl 粒子 [b]
	RS2	95 以上	
	RS1	80 以上	
使い捨て式防じんマスク	DL3	99.9 以上	DOP 粒子 [a]
	DL2	95 以上	
	DL1	80 以上	
	DS3	99.9 以上	NaCl 粒子 [b]
	DS2	95 以上	
	DS1	80 以上	
注 [a] DOP（フタル酸ジオクチル）の液体粒子 [b] NaCl（塩化ナトリウム）の固体粒子			

3.3.3　防じんマスクを使用する際の注意点

防じんマスクを使用する際の主な注意点は，次のとおりである。

a) 酸素欠乏（酸素濃度 <18 %）または酸素濃度が不明な場所では使用しない（酸素欠乏環境については，4 参照）。

b) 有毒ガスが存在する場所では使用しない（有毒ガスについては，3.2 参照）。

c) 着用直後に，シールチェック (2) を実施し，顔面と面体のフィット（密着性）が良好であることを確認する。シールチェックは，取扱説明書にしたがって実施する。

注 (2) 従来，「フィットチェック」という用語が使用されていたが，「フィットテスト」(3.6 参照) との混同を避けるために新たに規定された用語である。

d) タオルなどを当てた上から着用しない。

3.4　電動ファン付き呼吸用保護具（PAPR)

3.4.1　概要

PAPR は，内蔵する電動ファンによって環境空気を吸引し，その中に含まれる溶接ヒュームなどをろ過材で除去し，清浄となった空気を着用者の呼吸域に送る呼吸用保護具である。

PAPR の基本的な構成および空気の流れの概念図を**図 4** に示す。

PAPR は，電動ファンによって，着用者の呼吸流量より多い空気を着用者の呼吸域に送ることよって，安定した高い防護性能と共に楽な呼吸が得られる呼吸用保護具である。

PAPR は，厚生労働省の型式検定が行われており，これに合格した製品を使用しなければならない。型式検定に合格した製品には，検定合格標章が付いている。

PAPR の種類，構造，性能などは，「電動ファン付き呼吸用保護具の規格」（平成 26 年厚生労働省告示第 455 号）に適合していなければならない。

なお，JIS T 8157（電動ファン付き呼吸用保護具）もあるが，使用者に混乱を与えないようにするために，「電動ファン付き呼吸用保護具の規格」に整合する内容となっている。

3.4.2　PAPR の種類

PAPR の種類は，形状，電動ファンの性能および漏れ率によって区分されている。また，使用されるろ過材は，粒子捕集効率による区分がある。

a) 形状による区分

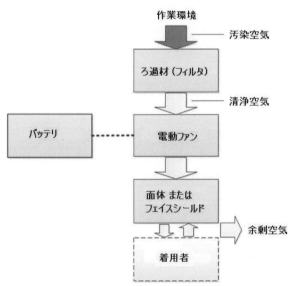

図 4　PAPR の基本的な構成および空気の流れの概念図

図 5　半面形面体を有する面体形隔離式 PAPR の例

表 3　PAPR の形状による区分

PAPR の種類		呼吸用インタフェースの種類	備考
面体形 PAPR	隔離式	全面形面体	
		半面形面体	図 5 参照
	直結式	全面形面体	
		半面形面体	図 6 参照
ルーズフィット形 PAPR	隔離式	フード	
		フェイスシールド	図 7 参照
	直結式	フード	
		フェイスシールド	

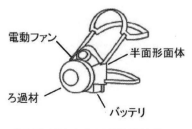

図 6　半面形面体を有する面体形直結式 PAPR の例

PAPR の形状による区分は，**表 3** に示すとおりである。溶接等作業に使用される主な種類を**図 5 ～図 7** に示す。

b) 電動ファンの性能による区分

- 大風量形

- 通常風量形

注記　この区分は，着用者の呼吸量を考慮したもので，呼吸用模擬装置を使用する試験における呼吸量が異なる。

c) 漏れ率による区分

- S 級：漏れ率 ≦ 0.1 ％

- A 級：漏れ率 ≦ 1 ％

- B 級：漏れ率 ≦ 5 ％

d) ろ過材の種類

ろ過材の種類は，試験粒子の種類および粒子捕集効率によって，**表 4** のとおり区分されている。

3.4.3　PAPR を使用する際の注意点

PAPR を使用する際の主な注意点は，次のとおりである。

a) 酸素欠乏（酸素濃度 <18 ％）または酸素濃度が不明な場所では使用しない（酸素欠乏環境については，**4** 参照）。

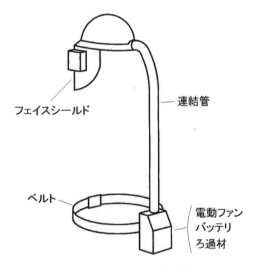

**図 7　フェイスシールドを有する
ルーズフィット形隔離式 PAPR の例**

表 4　PAPR に使用されるろ過材の区分

ろ過材の区分	粒子捕集効率 ％	試験粒子
PL3	99.97 以上	DOP 粒子 [a]
PL2	99 以上	
PL1	95 以上	
PS3	99.97 以上	NaCl 粒子 [b]
PS2	99 以上	
PS1	95 以上	

注 [a]　DOP（フタル酸ジオクチル）の液体粒子
　　[b]　NaCl（塩化ナトリウム）の固体粒子

b) 有毒ガスが存在する場所では使用しない（有毒ガスについては，**3.2** 参照）。

c) 面体形 PAPR は，防じんマスクと異なり，面体内部の圧力（以下，面体内圧）が陽圧（大気圧より高い圧力）となるように設計されている。しかし，PAPR 本来の高い防護性能を確実にし，無駄な空気の流れ（無駄な電力消費となり，使用時間が短くなる）をつくらないために，フィット（密着性）が良好な状態で使用する必要がある。着用直後のシールチェックは，取扱説明書にしたがって実施する。

d) 使用前に電動ファンの送風量の確認が指定されている PAPR は，取扱説明書にしたがって実施する。

e) PAPR の警報装置が警報を発したら，速やかに安全な場所に移動する。警報の内容に応じて，ろ過材の交換，バッテリの交換（または充電）を行う。ルーズフィット形 PAPR は，流量が規格値を下回ると，防護性能が著しく低下するので，注意が必要である。

3.5　送気マスク

3.5.1　概要

送気マスクは，作業場から離れた別の場所に設置した空気源からホースを通じて清浄空気を着用者に供給する方式の呼吸用保護具である。

送気マスクの性能などは，JIS T 8153（送気マスク）で規定されている。

呼吸用の空気を供給するホースによって作業性が悪くなるという問題があることなどのため，通常の溶接作業では積極的に選択されることはないが，次のような場合に使用を検討する必要がある。

- 有毒ガスが発生する場合

- 有害性の高い物質の濃度が高い場合

- 酸素欠乏のおそれがある場合

3.5.2　送気マスクの種類

送気マスクには，圧縮空気を用いるエアラインマスクと大気圧に近い圧力の空気を用いるホースマスクとがある。

a) エアラインマスク

エアラインマスクは，空気源として，空気圧縮機（エアコンプレッサー），施設内に設置されている圧縮空気配管または大型の高圧空気容器（空気ボンベ）が必要となる。

溶接作業で使用する種類としては，面体またはフェイスシールドを有する一定流量形エアラインマスク（**図 8**＝次頁に記載）または面体を有するプレッシャデマンド形エアラインマスクが対象となる。

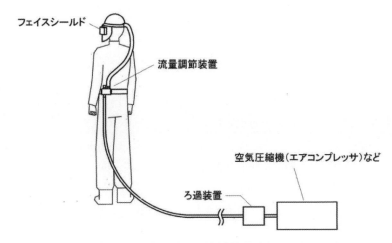

図8 フェイスシールドを有する一定流量形エアラインマスクの例

b) ホースマスク

溶接作業で使用する種類としては，面体またはフェイスシールドを有する電動送風機形ホースマスクが対象となる。電動送風機を溶接作業現場から離れた，空気が汚染されるおそれのない場所に設置して使用する。電動送風機の電源には，家庭用電源が使用される。

3.6 溶接ヒュームに対する呼吸用保護具の選択

3.6.1 概要

金属アーク溶接等作業による溶接ヒュームに対して，粉じん則および特化則のそれぞれにおいて，有効な呼吸用保護具を使用することが規定されている。

粉じん則において使用すべき防じんマスクの種類については，「防じんマスクの選択，使用等について」（平成17年基発0207006号）（以下，マスク選択通達）で規定されている。また，防じんマスクと同等以上の性能を有する呼吸用保護具としてPAPRを含めることができる。

一方，特化則では，金属アーク溶接等作業を継続して行う屋内作業場の作業者が使用する呼吸用保護具については，溶接ヒューム中のマンガンの濃度に応じて選択す

ることを規定している。

最終的に両者を総合し，粉じん則で許容される防護性能が最も低い種類と特化則で許容される防護性能が最も低い種類とを比較し，防護性能が高い方を最低基準としてそれ以上の防護性能をもつ種類を選択することになる。

3.6.2 粉じん則による選択

粉じん則で使用すべき防じんマスクの種類は，マスク選択通達によって，「金属のヒューム（溶接ヒュームを含む。）を発散する場所における作業」で使用可能な種類が，**表4**のとおり規定されている。

粉じん則で使用可能な種類は，性能を表す記号に"3"（粒子捕集効率≧99.9 %）または"2"（粒子捕集効率≧95 %）が付いているものである。

なお，**表5**には，特化則による選択で必要になる指定防護係数も記載した。

PAPRについては，選択基準を示す通達などはないが，防じんマスクの粒子捕集効率と同様の基準値（95 %以上）とすると，PAPRの全種類が粉じん則によって，使用可能となる。

表5 粉じん則で金属アーク溶接等作業に使用できる防じんマスクの種類

防じんマスクの種類	性能の種類		面体の種類	指定防護係数	粉じん則による使用の可否
	オイルミスト等が混在しない	オイルミスト等が混在する			
取替え式防じんマスク	RS3、 RL3	RL3	全面形面体	50	可
			半面形面体	10	
	RS2、 RL2	RL2	全面形面体	14	
			半面形面体	10	
	RS1、 RL1	RL1	全面形面体	4	不可
			半面形面体	4	
使い捨て式防じんマスク	DS3、 DL3	DL3		10	可
	DS2、 DL2	DL2		10	
	DS1、 DL1	DL1		4	不可

ルーズフィット形PAPRには，フードまたはフェイスシールドを有するものがあるが，溶接等作業では耐スパッタを考慮してフードを有するものが選択されることはない。また，遮光機能が必要なため，溶接用保護面が使用できる面体を有するもの，または遮光用のフィルタプレートが取り付けられるフェイスシールドを有するものが選択の対象となる。

これらのことから，金属アーク溶接等作業に使用可能なPAPRの種類は，表6のようになる。

粉じん則については，表5および表6によって使用可能な種類を選択すればよい。

3.6.3　特化則による選択

特化則では，金属アーク溶接等作業 (3) で発生する溶接ヒュームを対象としている。ここで，金属アーク溶接等作業とは，次の作業である。

- 金属をアーク溶接する作業
- アークを用いて金属を溶断し，又はガウジングする作業
- その他の溶接ヒュームを製造し，又は取り扱う作業

しかしながら，金属アーク溶接等作業であっても「継続して屋内作業場で行う場合」と「屋外作業場や毎回異なる屋内作業場で行う場合」では，呼吸用保護具に関する規定が異なっている。

3.6.3.1　継続して屋内作業場で行う場合

換気装置による改善を行った後，次の手順によって有効な呼吸用保護具を選択する。

1) 対象とする溶接作業について，個人ばく露測定に

よって溶接ヒュームに含有するマンガン濃度の最大値C（mg/m³）を求める。

2) 要求防護係数 (PFr) を式 (1) によって計算する。

$$PF_r = \frac{C}{0.05} \qquad ---- (1)$$

ここで，0.05 (mg/m³) は，マンガンの管理濃度

3) PFr を上回る指定防護係数（**表4**および**表5**参照）を有する呼吸用保護具を選択する。このとき，マンガン濃度が低く，PFr が 1 未満であっても，これを上回る指定防護係数を有する呼吸用保護具を選択することとされている。

4) 最終的に選択すべき呼吸用保護具の種類は，粉じん則で使用可能とされる種類（**3.6.2**参照）の中で最も小さい指定防護係数と特化則で使用可能とされる種類（上記 3) 参照）の中で最も小さい指定防護係数とを比較し，大きい方を最低基準としてそれ以上の指定防護係数を有する種類を選択することになる。

参考　溶接ヒューム濃度の測定方法の詳細および送気マスクなどの指定防護係数については，「金属アーク溶接等作業を継続して行う屋内作業場に係る溶接ヒュームの濃度の測定方法等」（令和 2 年厚生労働省告示第 286号）に記載されている。

3.6.3.2　屋外作業場や毎回異なる屋内作業場で行う場合

この場合は，特化則による濃度測定の規定がないため，粉じん則で有効としている**表5**の防じんマスクの種類及び**表6**のPAPRの全種類の中から選択する。

表6　粉じん則で金属アーク溶接等作業に使用できる PAPR の種類

PAPR の種類	漏れ率による種類	ろ過材の種類		呼吸用インタフェースの種類	指定防護係数
		オイルミスト等が混在しない	オイルミスト等が混在する		
面体形 PAPR	S 級	PS3, PL3	PL3	全面形面体	1000
				半面形面体	50 (300)[a]
	A 級	PS2, PL2	PL2	全面形面体	90
				半面形面体	33
	A 級, B 級	PS1, PL1	PL1	全面形面体	19
				半面形面体	14
ルーズフィット形 PAPR	S 級	PS3, PL3	PL3	フェイスシールド	25 (300)[a]
	A 級				20
	S 級, A 級	PS2, PL2	PL2		20
	S 級, A 級, B 級	PS1, PL1	PL1		11

注 [a] 括弧内に記載されている指定防護係数を上回ることを、当該呼吸用保護具の製造業者が明らかにする書面が当該呼吸用保護具に添付されている場合は、括弧内に記載されている指定防護係数とすることができる。

3.7 フィットテスト

特化則では，「金属アーク溶接作業等を継続して屋内作業場で行う場合」に使用する呼吸用保護具の内，面体を有するもの（すなわち，防じんマスク及び面体形PAPR）については，フィットテストを実施すること義務付けている。

このフィットテストは，面体を装着した直後に着用者自身が行うシールチェックとは異なるもので，測定者が，個々の着用者について，作業で使用する面体（または，少なくとも接顔部の形状，サイズ及び材質が同じ面体）を装着した状態で，顔面と面体とのフィット（密着性）を検査し，面体が個々の着用者に適したものであるか否かを判定するというものである。フィットテスト方法の基本的な内容は，次のとおりである。

試験物質に対して高い捕集効率を有するろ過材（フィルタ）を取り付け，面体外の試験物質濃度（Co）および面体内の試験物質濃度（Ci）を測定し，フィットファクタ（FF）を式(2)で求め，その値が要求フィットファクタ以上であれば合格と判定するというものである。

$$FF = \frac{C_o}{C_i} \quad ----(2)$$

フィットテストの方法には，試験物質の濃度を計測装置で測定する定量的フィットテストと試験物質の味などを利用し，漏れを被験者の感覚で判定する定性的フィットテストがある。

いずれのフィットテスト方法においても7種類の動作を行い，全体のフィットファクタを求めて合否判定を行う。

面体の種類に対する要求フィットファクタの規定および使用できるフィットテスト方法は，**表7**のとおりである。

PAPRの面体についてフィットテストを行う場合は，電動ファンを停止した状態で行わなければならない。

定量的フィットテストでは，面体内の試験物質をサンプリングする必要があるが，そのときサンプリングチューブなどを面体と顔面の間に挿入する方法を用いてはならない。なぜならば，サンプリングチューブなどの挿入によって，フィットテストで調べようとしている面体と顔面との状態を変えてしまうからである。

フィットテストは，1年以内ごとに1回，定期的に実施し，フィットテストの記録は，3年間保存しなければならない。

4．酸素欠乏からの防護

酸素濃度が18％未満の状態を酸素欠乏という。タンク内などの閉鎖空間での作業では，酸素欠乏に注意する必要がある。

酸素欠乏またはそのおそれがある場合は，全面形面体を有する送気マスクまたは自給式呼吸器で，指定防護係数が，有害物質の濃度による評価を満たし，かつ，1,000以上のものを使用しなければならない。

5．有害光からの防護

5.1 有害光による障害

有害光は，強烈な可視光，紫外放射（紫外線）および赤外放射（赤外線）である。紫外放射及び赤外放射は，目に見えないことに注意する必要がある。紫外放射（波長：約200 nm ～約380 nm）および可視光のブルーライト（波長：約380 nm ～約500 nm）が，特に有害性が高い。

紫外放射は，眼と皮膚に対して次の障害を与える。眼に対しては，角結膜炎（電気性眼炎）の原因となる。通常，ばく露から数時間後に，眼痛，異物感などの症状が現れ，1日程度で自然消失する。皮膚に対しては，皮膚炎（日焼け）の原因となる。重篤な場合には，浮腫(ふしゅ)，水疱(すいほう)などができる。

ブルーライトについては，視力低下などの症状となる光網膜炎が報告されている。

表7　要求フィットファクタおよび使用できるフィットテスト方法

面体の種類	要求フィットファクタ	使用できるフィットテスト方法	
		定性的フィットテスト	定量的フィットテスト
全面形面体	500	－	○
半面形面体	100	○	○
半面形面体を用いて定性的フィットテストを行った結果が合格の場合、フィットファクタは100以上とみなす。			

アーク溶接等作業者は，有害光に繰り返しばく露するおそれがあるので，これによる白内障，皮膚がんなどの遅発性障害の発症に注意しなければならない。

近年使用が増えているレーザ溶接では，高いエネルギーのレーザ装置が使用されており，溶接部から散乱されるレーザ光から眼を保護する必要がある。

5.2 遮光保護具の種類

5.2.1 溶接用保護面

溶接用保護面は，有害光およびスパッタに対して，顔部と共に，頭部および頸部(けいぶ)の前面を防護することを目的とする保護具である。

溶接用保護面には，ヘルメット形（**図9**参照）とハンドシールド形（**図10**参照）の2種類がある。

ヘルメット形は，安全帽と一体化させ，作業に応じて保護面を上下できるものである。

ハンドシールド形は，作業者が手で保持して使用するものである。

溶接用保護面の有害光に対する性能は，取り付けるフィルタプレートによって決まる。適切な性能を得るためには，溶接の種類，条件などを考慮し，**表8**を参考にして適切な遮光度のフィルタプレートを選定する必要がある。

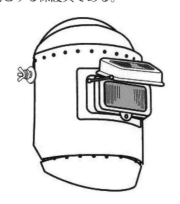

図9　ヘルメット形溶接用保護面の例

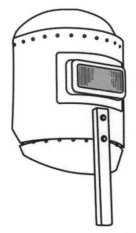

図10　ハンドシールド形溶接用保護面の例

表8　アーク溶接等作業におけるフィルタプレートおよびフィルタレンズの使用標準

遮光度番号	被覆アーク溶接 溶接電流 A	ガスシールドアーク溶接 溶接電流 A	アークエアガウジング 使用電流 A
1.2～3	散乱光又は側射光を受ける作業		
4	－		
5	30 以下		
6	30 以下	－	－
7	35 を超え 75 まで		
8	35 を超え 75 まで		
9	75 を超え 200 まで	100 以下	
10	75 を超え 200 まで	100 以下	125 を超え 225 まで
11	75 を超え 200 まで	100 を超え 300 まで	125 を超え 225 まで
12	200 を超え 400 まで	100 を超え 300 まで	225 を超え 350 まで
13	200 を超え 400 まで	300 を超え 500 まで	225 を超え 350 まで
14	400 を超えた場合	300 を超え 500 まで	350 を超えた場合
15	－	500 を超えた場合	350 を超えた場合
16	－	500 を超えた場合	350 を超えた場合

注記1　使用環境及び作業者によって，1ランク大きい又は1ランク小さい遮光度番号のフィルタを使用できる。

注記2　フィルタを2枚重ねることによって，各々の遮光度番号よりも大きな遮光度番号のフィルタとして使用することができる。このときの遮光度番号は，次の式による。

$$N = (n1 + n2) - 1$$

ここに，　N：2枚のフィルタを重ねた場合の遮光度番号

$n1, n2$：各々のフィルタの遮光度番号

例　遮光度番号7のフィルタと遮光度番号4を重ねたものは，遮光度番号10のフィルタに相当する。

$$10 = (7 + 4) - 1$$

次項で説明する遮光めがねについても，遮光度についての考え方は同様で，適切な遮光度のフィルタレンズを選定する必要がある。

5.2.2 遮光めがね

溶接作業者が，アーク点火時に，溶接用保護面による防護が遅れると，有害光にばく露される危険がある。これに備えて，溶接用保護面の着用と共に遮光めがねを常時着用することが望ましい。このための遮光めがねとしては，スペクタクル形（サイドシールドあり）が適している（**図11**参照）。遮光度番号は，3程度である。

また，周辺作業者も，常時遮光めがねを着用する必要がある。

5.2.3 自動遮光形溶接用保護具

自動遮光形溶接用保護具のフィルタは，通常は遮光状態ではないが，アークが点火するとそれに反応して瞬時に遮光状態となり，アークが停止すると遮光状態ではなくなるというものである。

この保護具を使用することによって，溶接用保護面で生じがちな顔を覆うときの遅れがなくなるため，アーク点火時の眼の保護がより確実になる。

自動遮光形溶接用保護具の例を**図12**に示す。

5.2.4 レーザ保護めがね

レーザ光による眼の障害は瞬時に発生し，障害を受けた部位によっては，失明する場合もある。

レーザ溶接では，用いられるレーザの大部分がクラス4に分類されることから，その危険度は高く，レーザ装置が運転される作業場では，全ての作業者が，JIS T 8143（レーザ保護フィルタ及びレーザ保護めがね）およびJIS C 6802（レーザ製品の安全基準）に適合するレーザ保護めがねを着用しなければならない。

レーザ保護めがねは，レーザの散乱光からの保護を目的としているので，レーザ保護めがねを着用していてもレーザ光を直視してはならない。

レーザ保護めがねのレンズは，防護できるレーザ光の波長が決まっているので，レーザ装置に適するもの以外を使用してはならない。

レーザ保護めがねは，レーザの種類，レーザ光の波長，出力，発信形態，作業時間などを考慮して選択する必要がある。選択の際は，レーザ装置の製造業者，レーザ保護めがねの製造業者などに相談することが望ましい。

5.2.5 溶接用かわ製保護手袋

溶接作業では，手の皮膚が露出しないように，溶接用かわ製保護手袋（**図13**参照）などを使用する。

この手袋は，有害光に対してだけでなく，飛散するスパッタ，スラグによる火傷や感電（電撃）の防止にも有効である。

5.2.6 溶接用遮光カーテン

B-1　　　　　　　　　　　　　　B-2

図11　遮光めがね－スペクタクル形（サイドシールドあり）の例

図12　自動遮光形溶接用保護具の例

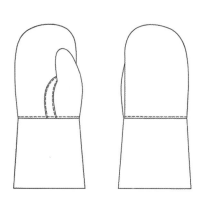

図13　溶接用かわ製保護手袋（2本指用）の例

表9　溶接用遮光カーテンの種類と特徴

種類	色相	特徴
1種	淡色系（イエローなど）	・視認性が高く，遮光性が低い。 ・作業場の確認など。
2種	濃色系（ダークグリーン，ブラウンなど）	・視認性が低く，遮光性が高い。 ・外部への有害光の遮蔽。

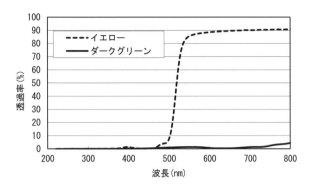

図14　溶接用遮光カーテンの光学特性の例

溶接用遮光カーテンは，個人用保護具ではないが，周辺作業者などを有害光から防護する方法として有効である。

溶接用遮光カーテンの種類と特徴を**表9**に示す。それらの光学特性は，**図14**のとおりである。溶接用遮光カーテンは，その特徴を踏まえて，目的に応じて使い分ける必要がある。

6．スパッタおよびスラグからの防護

スパッタおよびスラグは，高温状態で飛来するので，眼，皮膚などに衝突すると，穿孔的な熱傷を与えるおそれがある。

眼の角膜に衝突した場合は，失明するおそれもある。スパッタおよびスラグを有害光と共に防護する場合は，溶接用保護面または遮光めがね（サイドシールドあり）を使用し，有害光が問題とならない場合は，保護めがね（サイドシールドあり）を着用する。

皮膚を防護するには，皮膚を露出しないように服装を整えると共に安全帽，安全靴，溶接用かわ製保護手袋，前掛けなどを使用する。

7．電撃（感電）からの防護

電撃（感電）による症状は，人体の通電経路，電圧，電流，身体の置かれている条件などによって異なり，軽いショック程度から激しい苦痛を伴う重いショック，筋肉の硬直，熱傷，血管破壊，神経細胞破壊など，さまざまである。電撃による死亡の大部分は，即死で，心室細動によるものと見られている。

電撃（感電）を予防するためには，次の次項に留意する必要がある。

a) 絶縁性の安全靴を着用する。

b) 溶接用かわ製保護手袋（**図13**参照）を使用する。ただし，破れているもの，濡れているものは使用しない。

c) 作業着は，破れているもの，濡れているものは着用しない。

d) 身体を露出させない。

e) 高所で溶接作業を行う場合は，フルハーネス型の墜落制止用器具を着用し，電撃（感電）などに伴う墜落の二次災害を防止する。

8．おわりに

溶接等作業は，数多くの危険・有害因子に取り囲まれていることに留意する必要がある。しかし，適切な個人用保護具を正しく使用すれば，それらから確実に防護できることを忘れてはならない。

本稿が，個人用保護具を理解するための参考になり，作業者の安全と健康につながることになれば幸いである。

安全保護具

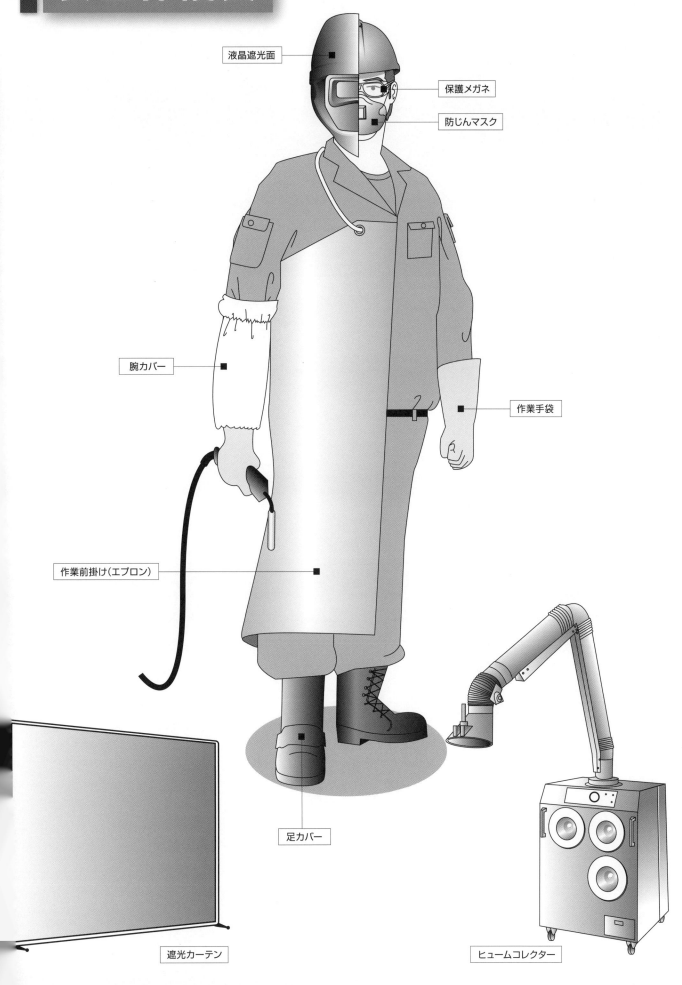

液晶遮光面

保護メガネ

防じんマスク

腕カバー

作業手袋

作業前掛け（エプロン）

足カバー

遮光カーテン

ヒュームコレクター

これも知っておきたい
基礎知識

抵抗溶接　編

飯塚　洋介
電元社トーア株式会社

■はじめに

　抵抗溶接は長年様々な産業分野において使用されてきた。中でも自動車産業においては多数の抵抗溶接機が使用され，自動車産業の発展と共に抵抗溶接技術も発展してきた。

　抵抗溶接は，溶接条件が溶接機側の設定およびロボットティーチングなどの設備側で完結し，作業者のスキルに依存する要因がほとんどない。そのため，適切な溶接条件さえ設定していれば，アーク溶接など他の接合方法に比べ溶接品質を安定させることが容易な接合方法である。作業者は，理解を深めなくても溶接を行えるため，学習の優先度も低くなりがちだと思うが，本稿で少しでも抵抗溶接についての理解を深めていただけたらと思う。

　本稿では，自動車産業での抵抗溶接の実用例を挙げつつ，抵抗溶接の基礎知識を説明する。

■近年の動向

　近年，自動車メーカーではより低燃費で環境負荷の低い自動車を開発するために素材の軽量化が進んでいる。自動車のボディに使用される素材は，軟鋼板からハイテン材やホットスタンプ材へと置き換えが進められてきた。更にアルミニウムや CFRP などが適材適所で採用されつつあることから，鋼板同士の溶接だけでなく，アルミニウム合金同士，更には異材接合にも注目が集まっている。

　また，製造現場の IoT 化に合わせて抵抗溶接機の IoT 化も進み，溶接結果のモニタリングやそれらのデータを基にした溶接品質判定なども行われ始めた。

■抵抗溶接とは

　まず，抵抗溶接について簡単に説明する。抵抗溶接とは被溶接材の金属を重ね合わせ，接合箇所を適切な力で

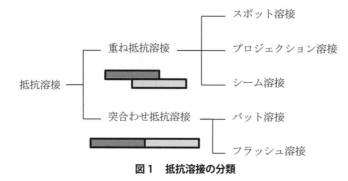

図1　抵抗溶接の分類

図2　サーボスポットガン

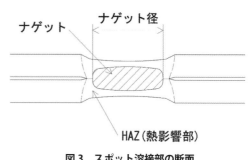

図3　スポット溶接部の断面

加圧し，電流を流すことで発生した抵抗熱により溶融接合するものである。

抵抗溶接は重ね抵抗溶接と突合せ抵抗溶接に分類される。さらに重ね抵抗溶接はスポット溶接・プロジェクション溶接・シーム溶接に，突合せ抵抗溶接はバット溶接・フラッシュ溶接に分類される（**図1**）。さらに近年では抵抗溶接技術は熱かしめ機や樹脂金属接合装置へも応用されている。

■鋼板のスポット溶接

抵抗溶接の中でも最もポピュラーなスポット溶接について，自動車のボディを例に挙げ，説明する。スポット溶接は，複数枚の鋼板を電極で挟み，加圧しながら通電することにより鋼板の1点を接合する溶接方法である。

一般的に自動車のボディはプレスされた部品を**図2**の様なサーボスポットガンによりスポット溶接して組み立てられている。

スポット溶接した溶接部の断面は**図3**の様に，打点の中央に被溶接物が溶融凝固した部分であるナゲットが生成される。

スポット溶接の際に重要になるのは，加圧力・溶接電流・通電時間・電極形状の四大溶接条件である。

加圧力とは，被溶接材を電極で挟み込む力のことをいう。ロボットでは，サーボモータを使用した加圧機構，定置では，エアシリンダを使用した加圧機構が一般的である。サーボモータの場合はモータに流す電流値を変化させ加圧力を調整し，エアシリンダの場合は減圧弁などにより空気圧を変化させ加圧力を調整する。

溶接電流，通電時間は，溶接制御装置によって調整される。代表的な制御方式として，単相交流式とインバータ式が存在する。単相交流式の場合にはサイリスタを使用した位相制御により電流・時間を調整する。インバー

タ式の場合にはIGBTを使用したPWM（パルス幅変調）制御により電流・時間を調整する。

最後の電極形状について，重要になるのは電極の先端径である。先端径が変化してしまうと電極間に挟んだ鋼板に流れる電流密度が変化してしまうことになり，溶接結果に影響を及ぼす。そのため，通常は一定の打点数毎にチップドレスまたはチップ成型をおこなうことで先端径を一定に保ち溶接品質を安定させている。自動車の製造現場では電極にDR形（ドームラジアス形）が多く用いられている。電極形状についてはJIS C 9304に様々な形状が規定されている（**図4**）。

以上が抵抗溶接の四大溶接条件である。実際の溶接現場では，溶接する鋼板と電極の直角度や鋼板同士の板隙，ロボットのティーチング位置と治具による鋼板のクランプ位置のずれによる加圧力のアンバランス，冷却水量や冷却水温，溶接機に供給される電源電圧の変動などの外乱による溶接品質のばらつきが発生することがあり，そのばらつきを抑えるために，高加圧力化や多段通電（通電中に溶接電流値を変化させたり断続的に複数回溶接電流を流したりする）を行うなどして溶接品質を向上させている。

■アルミニウム合金のスポット溶接

近年，採用が増えつつあるアルミニウム合金のスポット溶接について説明する。基本的には前章で述べた鋼板のスポット溶接と同様であるが，アルミニウム合金は鋼板に比べて電気抵抗が低く熱伝導率が高い。つまり発熱が少なく熱が溶接部以外にも短時間で伝わってしまうことになる。

そのため，溶接により発生した熱が周囲に伝わる時間を少なくするために短時間に大電流を流す。目安としては同板厚の軟鋼板に比べて約2倍の溶接電流，50～

形式	呼称	形状
F形	平面形	
R形	ラジアス形	
D形	ドーム形	
DR形	ドームラジアス形	
CF形	円すい台形	
CR形	円すい台ラジアス形	
EF形	偏心形	
ER形	偏心ラジアス形	
P形	ポイント形	
PD形	ポイントドーム形	
PR形	ポイントドームラジアス形	

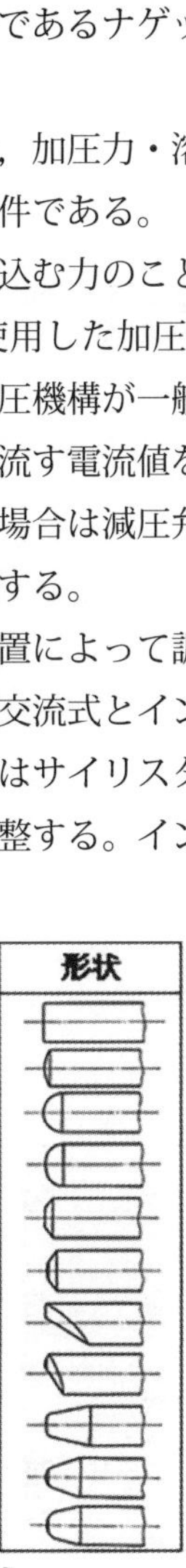

図4　抵抗溶接の電極形状

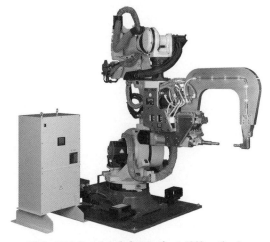

図5　アルミニウム合金用スポット溶接ロボット

80%程度の通電時間である。

加圧力は同板厚の軟鋼板に比べて薄板では同程度，厚板では半分程度である。

電極は鋼板と同様のDR形を使用すると打痕（溶接後のくぼみ）が深くなるため，一般的にはR形（ラジアス形）が用いられる。また，アルミニウム合金をスポット溶接すると，電極の銅とアルミニウムとで共晶物を生成し電極が傷みやすいため，鋼板のスポット溶接に比べ高い頻度でのチップドレスが必要になる。

以上によりスポット溶接が可能であるが，アルミニウム合金の場合はブローホール（ナゲット内にできる空洞）ができやすいという特徴がある。ブローホールを低減するためには通電の終了と同時に通電時の加圧力より高い鍛圧をかけることや後熱電流を流して急冷を防ぐことが効果的である。

アルミニウム合金のスポット溶接をするために，可変加圧（鍛圧）に対応した溶接制御装置や，高加圧・大電流に対応したガンなどの製品が販売されている（**図5**）。

■溶接条件の決め方

自動車のボディをスポット溶接する場合の溶接条件の決め方の一例を示す。

はじめに使用する電極を決定する。なぜなら，自動車のボディでは，対象となる打点が複数の被溶接物の材質・板厚・枚数等の組み合わせとなる場合が多く，その都度電極を交換するのは非効率的なためである。

鋼板のスポット溶接の電極は一般的にDR形（ドームラジアス形）を使用することが多い。目安として板厚が1mm前後の場合は先端径6mm，板厚が2mm前後の場合は先端径8mmの物を選択する。

次にウェルドローブを作成する。ウェルドローブとは横軸が溶接電流・縦軸が電極加圧力のグラフと横軸が溶接電流・縦軸が通電時間のグラフの2形態がある。目的に応じていずれかを作成する（**図6**）。作成したウェルドローブから適正な溶接条件範囲が読み取れるので，範囲内から溶接条件を決定する。

さらに，被溶接材の形状のバラツキや材質，外乱を考慮し，溶接条件を調整する。例えば，被溶接材ごとに板隙にバラツキがある場合，アップスロープを入れる，通電時間を延ばす等で対策する。また，高炭素鋼などで溶接により焼きが入ってしまう場合などは後熱電流を流すなどで対策する。

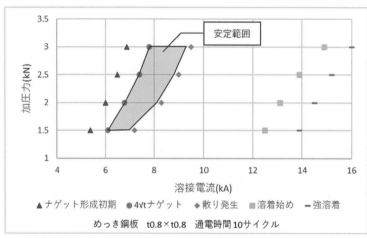

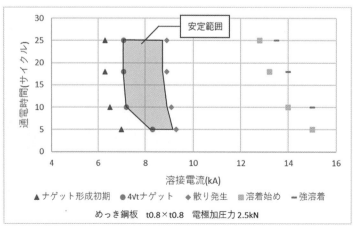

図6 ウェルドローブの作成例

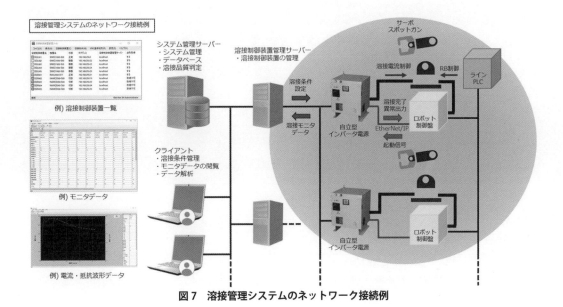

例) 溶接制御装置一覧

例) モニタデータ

例) 電流・抵抗波形データ

システム管理サーバー
・システム管理
・データベース
・溶接品質判定

クライアント
・溶接条件管理
・モニタデータの閲覧
・データ解析

溶接制御装置管理サーバー
・溶接制御装置の管理

溶接条件
設定

溶接モニタ
データ

サーボ
スポットガン

溶接電流制御　　RB制御

溶接完了
異常出力

自立型
インバータ電源

ライン
PLC

ロボット
制御盤

EtherNet/IP

起動信号

自立型
インバータ電源

ロボット
制御盤

図7　溶接管理システムのネットワーク接続例

■溶接品質管理

　冒頭でも説明したように，抵抗溶接は作業者のスキルに依存する要因が少なく，溶接品質が安定しやすい。また，近年は溶接制御装置が昔に比べ高度な制御を行えるようになったことや品質判定するための外部装置が多数出てきたことにより，溶接品質はより向上してきた。とはいえ，現状では，溶接制御装置や外部装置による完全な溶接品質の保証は難しく，人の手による溶接品質の確認が必須である。

　溶接品質の確認には，評価基準として JIS Z 3139 の断面マクロ試験によるナゲット径を規定する場合や JIS Z 3136 や JIS Z 3137 の引張試験による引張強さを規定する場合が多い。しかし，実際の溶接現場ではそれらの試験を行うことが困難なため，JIS Z 3144 に規定された，たがね試験・ピール試験・ねじり試験による溶接径で評価することも多い。

　次は，溶接品質を向上させるための溶接制御装置についてである。溶接状態をリアルタイムでモニタリングすることにより，板隙や散りの発生を検出し，通電パターンを変化させる製品も販売されている。

　さらに，溶接制御装置に通信機能を付加し，スポット溶接時の電流やチップ間抵抗をネットワーク接続された PC に送信し，データ解析やより高度な溶接品質の判定をする試みも始まっている（**図7**）。

■ナット / ボルト溶接

　定置式のスポット溶接機は単なるスポット溶接だけではなく溶接ナットや溶接ボルトを接合するプロジェクション溶接にも多数使用されている。ここでは特に多く使用されている溶接ナットのプロジェクション溶接について説明する。

　プロジェクション溶接をする際に重要になるのはスポット溶接と同様に加圧力・溶接電流・通電時間の三大溶接条件に加え，上下電極の平行度や電流の立ち上がり時間である。

　溶接条件の決定方法は，加圧力・通電時間を一定として，溶接電流を変化させて溶接品質を満たす適正溶接電流範囲を求めるのが一般的である。

　溶接品質の評価方法としては JIS B 1196 の付属書に記載された押し込み剥離強さで評価する場合が多い。また，ねじゲージなどによるねじ部の検査も必要である。

　近年では被溶接材の高張力化により，要求品質を得にくい場合があるが，電流の立ち上がり時間を速くすることで品質を向上することができる。そのための機能として，通電初期の電流設定をヒート率などで指定できる製品もあり，溶接品質の向上に役立っている。それでも満足な品質が得られない場合もあり，そのような場合はコンデンサ溶接機を使用することで，押し込み剥離強さのばらつきを抑えた高品質な溶接が可能である。

■おわりに

　抵抗溶接は基本的には古くから変わらない接合技術であるが，ガスやワイヤなどの消耗品，ボルトやリベットなどの副資材が不要で，短時間で接合可能というメリットがあることから，現在も様々な産業分野で数多く使用されている。

　今後も重要な接合方法であることに変わりはなく，日々，品質向上への取組みが続けられている。

溶接ジグ機械　編

堀江　健一

マツモト機械株式会社

アーク溶接をするために，溶接機・トーチ・溶接ワイヤ・シールドガスを用意した。溶接を自動化するために，これら以外に必要な道具は何が考えられるのか。品質維持や作業効率アップを目指すため，溶接を自動化しようとすると必ず溶接ジグ機械の導入が必要となる。

そこで，溶接ジグ機械にどのようなものがあるかを説明する。

■溶接ジグ機械の種類

溶接を自動化するためのジグ機械の中で，汎用的な製品を**表1**にまとめる。

いろいろな種類の溶接ジグ機械があり，これらの機械を用いて，溶接作業の自動化・高能率化を目指す。

溶接の種類を大きく分けると，『円周溶接』，『直線溶接』，『ロボットを用いた溶接』の3種類に分けられる。

まずは，円周溶接に必要な回転ジグ機械から説明していく。

ポジショナー（**写真1**）は，『パイプとパイプ』や『パイプとフランジ』などの円周溶接を施工するときに用いられる。溶接対象物（ワーク）を，ポジショナーのテーブル上にチャックなどで固定する。ポジショナーはテーブルの回転機構と傾斜機構を備えているので，溶接に適した任意の溶接姿勢を得られる。例えば，パイプとフランジのすみ肉部の円周溶接を施工する場合，テーブルを傾斜させることにより，トーチが下向きという最適な溶接姿勢が容易に得られる。標準仕様は足踏みスイッチによる回転動作であるが，リミットスイッチやロータリーエンコーダーなどを取り付けて溶接終了位置を検知させ，一回転の円周溶接を自動化することができる。

ポジショナーには，様々な機種がある。ワークの形状，

表1　主な溶接ジグ装置

回転治具機械	ポジショナー、EV3軸ポジショナー、ターニングロール 2軸中空ポジショナー、パイプローラー、オープンチャック、
直線機械、走行台車	マニプレーター、エアークランプシーマ、汎用直線溶接ロボット 溶接走行台車（レール走行式、自走式）　など
溶接関連機器	トーチスタンド、溶接連動制御システム、溶接チャック 溶接線倣い機械、ウィービング機械、ワイヤ矯正機械
ロボット関連機器	溶接ロボット用ノズルクリーナー、ロボット用ポジショナー
環境対策機器	溶接ヒューム回収機械　など

写真1　ポジショナー

写真2　EV3軸ポジショナー

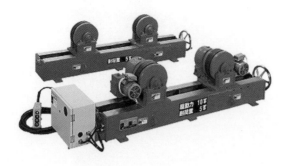

写真3　ターニングロール

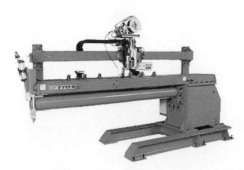

写真4　エアークランプシーマ

寸法，重量，重心偏心，重心高さや溶接条件などを考慮して，ワークに最適なポジショナーを選択する必要がある。

　円周溶接用ではなくワークの位置決め用として，EV3軸ポジショナー（**写真2**）がある。このポジショナーは，昇降軸，傾斜軸，回転軸から構成されている。3軸ともモーター駆動で，かつインバーター制御しているので，滑らかな起動・停止動作が可能となっている。大型ワークの場合，クレーンなどで姿勢を変えるのは非常に危険な作業である。EV3軸ポジショナーを用いると，安全かつスムーズに溶接ワークの位置決めが可能となり，溶接に最適な姿勢を容易に得ることができる。また，ティーチング位置決め機能を付加させると，あらかじめ作業順序通りにテーブルの停止位置を設定・記憶させ，1ステップボタンを押すごとに記憶させた作業位置を再生することができる。この機能により，溶接忘れの防止など作業効率アップにつなげることができる。

　これ以外に，2軸中空ポジショナーという回転ジグ機械もある。これは，傾斜軸と回転軸の2軸を要したポジショナーであり，チャック部分が中空になっていることが一番の特長である。パイプフランジの円周溶接をする際，多くのの場合においてワークをチャックから取り外すことなく，一度のチャッキングで内面と外面の両方の円周溶接をすることが可能である。

　タンクなどの大径ワークを回転させるためのターニングロール（**写真3**）がある。タンクやパイプ，大型円筒型ワークの溶接，切断などの作業に用いられている。駆動台1台と従動台1台から構成され，駆動台・従動台ともローラーが2個ついている。ワークの直径が変わったときには，2個のローラーを近づけたり離したりして輪間距離調整を行い，直径の異なるワークに対応する。一般的に，ローラーは2枚の鉄輪でゴム輪がサンドイッチされた構造になっている。鉄輪で荷重を受け，ゴム輪の摩擦力でワークを回転させている。また，ワークに傷をつけたくない場合，鉄輪を使わずにウレタン全面張り

のローラーに変えることも可能である。システム化の例としては，トーチスタンドやマニプレーターなどと組み合わせたものがあり，パイプ・圧力容器・タンクなどの円周溶接や縦継（直線）溶接をするために利用されている。

　円周溶接用機械に続き，直線溶接用機械を説明していく。

　薄板／パイプ突合せ溶接機械『エアークランプシーマ』（**写真4**）という機械を説明する。エアークランプシーマは，薄板の突合せ直線溶接やベンディングロールで丸めた薄板を縦継溶接するときに用いられる。マフラーやタンクといったワークに最適な機械である。機械本体のクランプ部に特殊ホースを内蔵し，ホース内の圧縮エアにより分割された銅製のクランプ爪を動かし，ワークを上方から均一な力で押さえつける。また，ワークをセットする金具をバッキング金具と呼んでいるが，水冷銅板を採用しているので，溶接中の熱ひずみを最小限に抑えることができる。バッキング金具には裏波溶接を行う際に必要なバックシールドガス用の穴をあけている。バッキング金具は溶接するワーク形状や材質によって，数種類用意している。

■ロボット溶接用機械

　続いて，ロボットを用いた溶接機械について説明する。

　ロボット溶接用の機械としては，ロボット用外部軸ポジショナー，スライドベース，ロボットトーチ用周辺機器があげられる。

　ロボット用外部軸ポジショナー，スライドベースは，各ロボットメーカーのサーボモーターを搭載し，ロボットの外部軸として制御される。溶接ロボットとの同期運転も可能であり，より複雑な形状のワークにおいても溶接することが可能となる。近年では，これらの周辺機器の位置決め精度を上げ，レーザ溶接用のロボットシステムも数多く設計製作されている。

　次に，ロボットトーチ用周辺機器を説明する。

1種類目は，ワイヤ切断機械である。ワイヤ先端をカットしワイヤ突出し長さを任意の長さにし，アークスタート性を良くする。ロボットの溶接開始点センサ使用時には，必ず必要な機械となる。

2種類目は，スパッタ除去機械である。スパッタを除去せずに連続して溶接をおこなうと，ノズル先端にリング状にスパッタが付着していく。付着したスパッタによりノズルがふさがれてしまい，シールドガスを安定して供給できなくなってしまう。ブローホールの原因となるのである。スパッタ除去は非常に重要で，低速回転仕様のスパッタ除去機械は，強力なモーターで回転する刃物で固着したスパッタを除去し，その後スパッタ付着防止液を塗布する。高速回転仕様のスパッタ除去機械は，回転するスプリングでスパッタを除去し，その後スパッタ付着防止液を塗布する。独自に考案したスプリング式金具のフレキシブル性により，スプリング式金具とノズルが噛み込む心配が軽減される。

ロボット溶接で自動化を図る場合，作業効率を考えて20キロ巻リール巻ワイヤではなくペールパックワイヤを用いることが多く，ペールパックワイヤ用の機械として，ペールパックワイヤ送給補助機械がある。ペールパックワイヤを工場の隅に設置し，フレキシブルコンジットケーブル（フレコン）でワイヤを送給する際，フレコン内の摩擦によって発生する送給抵抗が原因で，ワイヤの送給が安定しないことがある。ペールパックワイヤ送給補助機械は，ワイヤの送給を安定させ，アークスタートミスや溶接途中でのアーク切れを防止させる。フレコンが長くなった場合，特にその効果を発揮する機械となる。

■環境対策用機械

最後に環境対策用の機械を説明する。

アーク溶接時，ヒュームが発生する。発生直後，ヒュームは白色の煙のような金属蒸気状態であるが，空気中で冷却されて固体の微粒子となる。

ヒュームが人体に入ると『じん肺』という肺の病気にかかる恐れがあり，非常に有害な物質である。じん肺の症状としては，呼吸困難があげられる。また，近年の研究により，じん肺を引き起こす物質であるということ以外に『神経障害を引き起こす物質である』『発がん性物質である』ということがわかってきた。

そのため，厚生労働省では，ヒュームを特定化学物質に追加し，ばく露防止措置などの必要な対策を講じるように特定化学物質障害予防規則（特化則）の法改正を行った。2021年4月1日より法改正の施工が適用されてい

写真5　溶接ヒューム回収装置

る。

また，ヒュームは人体以外にロボットや周辺機器にも悪影響を引き起こす恐れがある。ロボットや周辺機器の隙間から内部に入ると可動部分を痛めたり，ジグにヒュームがたまってワークのセット位置がずれてしまい，溶接不良を引き起こしたりする恐れがある。そういった理由で，溶接ヒューム回収機械（**写真5**）を用いて，ヒュームを発生源近くで的確に回収する必要がある。人体にも機械にも悪影響を及ぼす溶接ヒュームを効率よく吸引し，働きやすい現場環境を構築することが重要である。

このように溶接ジグ機械を組合せてシステム化することにより，溶接作業の能率アップや品質アップにつなげることができる。特に大量生産を実現したい場合には，システム化は必要不可欠となってくるであろう。

しかし，効率・品質を重視するあまり，イニシャルコストやランニングコストが高くなってしまっては導入する意味がなくなってしまう。また，効率を重視するあまり，安全性を軽視してしまうと事故発生につながってしまう。システム化する場合には，効率・品質・コスト・安全性に関して，バランスよく考える必要がある。

溶接ジグ機械に関して紹介してきたが，これですべてではない。溶接作業内容は，日々，複雑化・多様化していっている。短納期かつ低コストを求められる場合もあれば，レーザ溶接機械のように高位置決め精度を求められる場合もある。さまざまな生産現場において，最適な溶接システムを構築するべく，今後，ますますの溶接ジグ機械の開発が必要となっていくだろう。

レーザ溶接　編

中村　強
トルンプ株式会社

■レーザとは

　20世紀の三大発明の一つと言われるレーザは1960年にセオドア・ハロルド・メイマン博士が初めて発振に成功したことが有名だが，レーザ発振原理である誘導放出の理論はアルベルト・アインシュタイン博士が17年に提唱した。はじめてレーザ発振に成功してから60余年しか経っていないにも関わらず，今日では医療，娯楽，計測，研究，産業など様々な分野で使用されている。特に産業用途では溶接，切断，マーキング，熱処理，表面改質などの幅広い用途で様々なレーザが用いられている。本稿ではこれら産業用途で用いられるレーザについての基礎を紹介する。

　レーザは誘導放出による光増幅放射という意味の英語表記（Light Amplification by Stimulated Emission of Radiation）の頭文字で表記したLASERである。レーザ発振器は基本的に光共振器（キャビティ），その中に設置されたレーザ媒質，それにエネルギーを与え励起させる光源や電磁波の装置，向かい合った2枚の鏡から構成される。産業用には各種レーザが用いられているがこの原理は形状や媒質が変わっても同じである。図1に代表例として炭酸ガス，ランプ励起YAG，ファイバー，ディスク，端面発光型半導体，垂直共振器型面発光レーザの基本構造を示す。これらは構造やレーザ媒質などの違いによりレーザの発振波長，出力，ビーム品質などが異なる。そのため材料に対する加工特性が異なりどのような材質にどのような加工をやりたいのかにより最適なレーザが異なる。

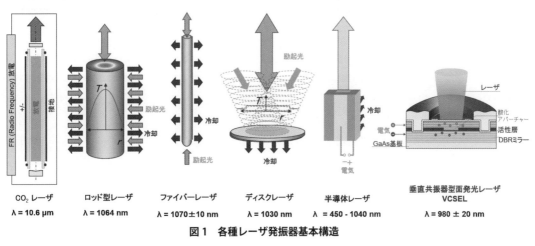

CO$_2$レーザ	ロッド型レーザ	ファイバーレーザ	ディスクレーザ	半導体レーザ	垂直共振器型面発光レーザ VCSEL
λ = 10.6 μm	λ = 1064 nm	λ = 1070±10 nm	λ = 1030 nm	λ = 450 - 1040 nm	λ = 980 ± 20 nm

図1　各種レーザ発振器基本構造

図2　各種金属の分光反射率

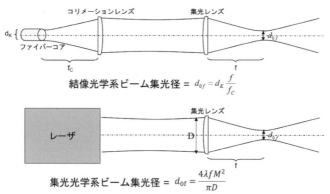

$$d_{0f} = d_K \frac{f}{f_C}$$

結像光学系ビーム集光径 = $d_{0f} = d_K \dfrac{f}{f_C}$

集光光学系ビーム集光径 = $d_{0f} = \dfrac{4\lambda f M^2}{\pi D}$

M^2 = エムスクエア（ビーム品質）、λ = レザ波長、f = 集光レンズの焦点距離、D = レンズへの入射ビーム径

図3　ビーム集光径の計算

■レーザ加工の特徴

レーザの特徴は一般的に単色性，指向性，可干渉性があげられるが，製造工程で使用されるときの利点は非接触，微小径かつ高パワー密度，電気的な制御性の良さがあげられる。すなわち加工面から離れた所からレーザを照射し，周辺部に熱影響を与えず局所的な加工が可能で，出力変調など電気的な制御が容易で自動化に適しているということになる。このような特徴によりレーザは様々な加工工程で用いられている。

レーザを被加工物（以降ワークとする）に照射すると一部が吸収され残りがワーク表面で反射する。透過する材料ではほとんどのレーザが透過するが一部が吸収・反射する。これは材料とレーザの波長により異なる。室温での各種金属表面の反射率を**図2**に示す。本図は理科年表に掲載されたデータをグラフ化したものであるが，反射率は金属表面の状態や材料の温度により変化しさらに加熱され溶融することでさらに変化するので，実用に当たっては実際のワークでの確認が必要である。

レーザをワークに照射する際，集光用の光学系を使用し，所望のビーム径やパワー密度に集光する。レーザをファイバーで伝送する場合と空間を伝送する場合で集光ビーム径の計算方法が異なる（**図3**）。ファイバー伝送の場合の光学系は結像光学系でファイバー出射端のコアのプロファイルをワーク表面に結像する。この場合はファイバーから出射されるレーザを並行光にするためのコリメーションレンズの焦点距離と集光するための集光レンズの焦点距離の比とファイバーコア径の積で集光径が計算される。空間伝送のレーザの場合は集光光学系で波長と光学系の焦点距離に比例しレンズ位置でのビーム径に反比例する式で計算される。

光学系には固定光学系とスキャナ光学系があり（**図4**），用途に応じて使い分ける。固定光学系は光学系に対してレーザの出射位置は固定されているため，加工を行うには光学系を移動させるかワークを移動させる必要がある。スキャナ光学系は光学系内部にレーザを走査させるためのX/Y軸用のガルバノミラーが組み込まれており，光学系が固定されていてもレーザを移動させるこ

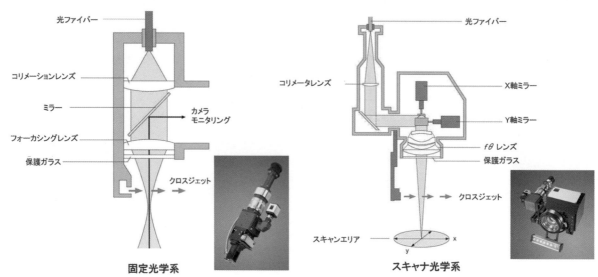

固定光学系　　　　　　　　　スキャナ光学系

図4　加工光学系

とができ，レーザ走査範囲内で高速な加工が可能である。焦点位置をZ軸方向に移動可能な機種もある。近年はこのような光学系に観察用のカメラや溶接状態をモニタリングするセンサを取り付けられる機種が多く，使用条件に合わせた組み合わせを選択することが可能である。

多くの場合，これらのレーザや光学系を使用用途に合わせ装置を設計しなくてはならないが，あらかじめ加工機にレーザ，集光光学系が組み込まれたものが市販されている。例えば，トルンプ製のTruLaserCellシリーズではXYZの直線3軸と回転2軸の計5軸の装置にレーザと光学系が組み込まれており複雑な3次元形状のレーザ加工が可能となっている。

■レーザ溶接の原理

レーザは，ワークに照射されるとワークに吸収され熱となる。この熱を利用して溶融，切断，表面改質などが行われる。例えば金属を例にとりレーザのパワー強度と金属の状態を図5を用いて説明する。照射されるレーザのパワー強度が低いうちは金属はレーザのエネルギーを吸収し加熱する。徐々にレーザのパワー強度が上昇すると金属の温度が融点を超え溶融が始まる。この状態の溶融を一般的に熱伝導型の溶融と呼ぶ。さらにレーザのパワー密度が上昇すると溶融金属表面からの金属蒸気が蒸発し，その反力で溶融部にくぼみが生じ，キーホール状の穴となる。この状態の溶融をキーホール型の溶融と呼ぶ。この状態になるとレーザの吸収率が上昇し効率の良い深溶込み溶接が可能となる。さらにレーザのパワー強度を上げると金属溶融部からの激しいスパッタが生じるため溶接には適さないが，穴あけには適した状態になる。さらにパワー強度を上げると表面の金属が爆発的に除去

される現象が見られるようになる。これを一般的にアブレーションと呼んでいる。アブレーション加工においては金属内部への熱伝導を無視できるレベルになるため，熱影響のない加工が可能となる。このような加工が可能な高いパワー強度のレーザは通常の連続発振（以降CWとする）のレーザでは生成することができず，ナノ秒，ピコ秒，フェムト秒などの短パルスレーザによって生成される。さらに，アブレーションは加熱のメカニズムにより熱的加工（ピコ～ナノ秒領域）と非熱的加工（フェムト～ピコ秒領域）に区別される。

溶接は一般的にディスク，ファイバー，半導体レーザなどの高出力CWレーザによって行われる。このようなレーザを先述の固定光学系やスキャナ光学系をロボットや加工機に組み込み溶接工程に使用する。産業用量産ラインで使用するにあたり，生産性や溶接品質の確保が重要となる。生産性向上の一つの方法として，レーザのON時間の比率を高める方法が検討されている。例えばレーザ発振器から複数光路を用意し複数のワークを溶接するように工程を構築することで，一つのワークの交換時に別のワークを溶接することで待ち時間を短縮することが可能となる。多点の溶接箇所がある場合はスキャナ光学系を用いスキャナとロボットの動きを同期させたオンザフライ方式により空走時間をゼロに近づけることが可能である。

■レーザ溶接の新技術

近年のEV化によりモータや電池の溶接が増えている。このような部品の溶接ではスパッタ低減が重要な課題である。熱伝導型の溶接をすればスパッタの発生をなくすことは可能であるが溶接速度が遅く周囲への熱伝導も多

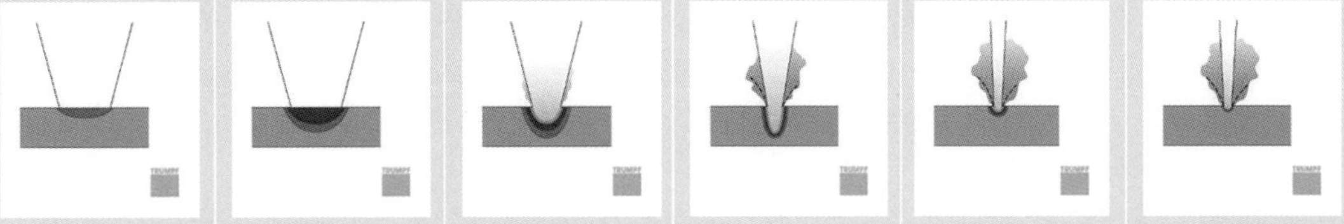

主効果	加熱	溶融	溶融 蒸発	蒸発	蒸発 イオン化	昇華 解離
パワー密度	30 W/mm²	1 kW/mm²	10 kW/mm²	1 MW/mm²	10 MW/mm²	10 GW/mm²
作用時間	s	ms	ms	ms	ns	ps
アプリケーション	焼き入れ ソルダリング	熱伝導 溶接	キーホール溶接 切断	ドリリング	アブレーション エングレービング	微細加工

図5　レーザパワー強度と金属の溶融状態

95

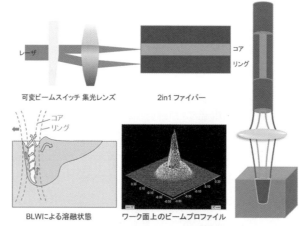

図6　BrightLine Weld の原理

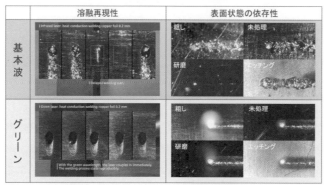

図7　グリーンレーザによる銅溶接の利点

いため，キーホール型溶接で生産性を上げ，かつ，スパッタレスの両立を図るための技術が求められていた。この手段として近年レーザ伝送にダブルコアファイバーを用いてビームプロファイルを制御しスパッタを抑制する技術が開発され各社からリリースされている。トルンプ製の BrightLienWeld（以下「BLW」）でメカニズムを紹介する（図6）。BLW はダブルコアのファイバーを用い内側と外側の両方のコアにレーザを導入し中心が尖り周囲に裾を引くような形状のビームプロファイルにしたものである。中心のパワー密度の高いレーザでキーホールを形成し，外側のパワー密度の低いレーザでキーホールの間口を広げることによりキーホール内の金属蒸気圧やキーホールに沿って上昇していた溶融金属の速度を下げることでスパッタを低減させる。この BLW はディスクレーザに搭載され，一つの発振器で複数光路の使用が可能である。

　近年の EV 化の流れの中で銅溶接の重要性が高まっている。銅は先の図3の反射率より高出力固体レーザの波長である1ミクロン近傍や炭酸ガスレーザの波長である10ミクロン近傍では反射率が非常に高いことがわかる。そのため従来の高出力レーザでは加工が難しい材料であった。一方，図から分かるように波長が短くなると反射率が下がり加工に有利なことが従来から知られて

いたが，短波長の高出力 CW レーザの開発が難しかった。近年各社からグリーン波長のディスクレーザやブルー波長の半導体レーザがリリースされ量産ラインへの導入が進み始めた。現時点のカタログ値ではグリーンレーザは3キロワットで150ミクロンファイバーへの導入が可能，ブルーレーザは3キロワットで600ミクロンファイバーへの導入が可能となっている。トルンプ製3キロワットグリーンレーザで銅溶接の利点を紹介する。グリーンレーザによる銅溶接の利点は溶融再現性，銅表面状態の非依存性，および加工裕度の広さである（図7）。さらに，熱伝導型の銅溶接ができる点も1ミクロン帯域のレーザと比較したときの大きな利点である。このような特徴によりグリーンレーザはスパッタの少ない銅溶接が可能でこの観点から電池溶接に積極的に採用されている。

■おわりに

　以上，紹介したようにレーザ溶接は，産業用量産工程で積極的に使用されており，現在も新しい技術の開発が進められている。このようにレーザは革新的な生産方式やカーボンニュートラルへ貢献できるものと思っている。本稿がレーザ溶接への理解の一助になれば幸いである。

エンジン溶接機　編

平澤　文隆
デンヨー株式会社

■エンジン溶接機の概要

　エンジン溶接機とは，エンジンによって発電機を動かしアーク溶接用の電源をつくる機械である。商用電源の設備を必要としないため機動性に優れ，屋外作業や大きな配電設備を得られにくい場所での作業に便利な機械である。軽トラックでも運搬できる小型機から，トラッククレーンなどで昇降，運搬するような大型機まで，様々な製品がある。

　エンジン溶接機は屋外作業における作業者の安全を考慮し直流アーク溶接機であることが特徴である。また，直流アーク溶接機は電流の方向が一定であり，アークの安定性にも優れている。

　さらに，溶接用電源だけではなく，一般の交流電源も出力されており，溶接作業に必要な電動工具や一般電気機器を使うことができる。

■エンジン溶接機が活躍する場所

　エンジン溶接機は，建設現場や土木工事現場以外に，パイプライン建設現場，プラントや工場の屋外設備の修理補修などでも使われている（図1）。

　用途として次のような溶接作業がある。

①タンクや管

　水道・ガス管，タンク，パイプ等の溶接では溶接欠陥のない高度な溶接技術が要求される。安定したアークが維持できる高性能のエンジン溶接機が必要となる。

②重量鉄骨

　強度が必要な橋梁，船舶，建設車両，建築物の基礎工事などの溶接箇所は深溶込みが得られる大型のエンジン溶接機が使用され，大型のエンジン溶接機は，溶断作業（アークエアガウジング）にも使われる。ガウジングとはアークによって金属を溶融させると同時に吹き飛ばす方法で，ハツリ・切断・穴あけなどの作業に使用されている。

③軽量鉄骨

　サッシ・シャッター，門扉・フェンスへの溶接作業では，短時間に断続的に行う溶接作業が多くなるので，アークのスタート性が良好なエンジン溶接機が求められる。また，溶接部材が薄板になるので，小電流でもアーク切れが発生し難い性能が必要である。

■エンジン溶接機でできる溶接法

①被覆アーク溶接

　一般的には手溶接と呼ばれ，ホルダでつかんだ溶接棒と母材との間にアークを発生させる溶接法である。

　エンジン溶接機本体の他は溶接ケーブルとホルダ，溶

図1　エンジン溶接機の主な用途

接棒があれば作業できるため，屋外での作業や，作業場が移動する現場には最適である。

また，溶接棒は外周に被覆剤が塗布されておりシールドガスが不要で風に強く屋外現場ではこの方法が多く用いられている。

②炭酸ガスアーク溶接（図2）

溶接部の保護とアークの維持に必要なシールドガスに炭酸ガスを用いる溶接法で，ワイヤ送給装置と溶接トーチを使い，ワイヤ先端と母材との間にアークを発生させ溶接を行う。

炭酸ガスアーク溶接専用のエンジン溶接機が製品化されている。

③セルフシールド溶接

炭酸ガス溶接と同様にワイヤ送給装置と溶接トーチを使い，連続溶接ができる溶接法である。溶接ワイヤにガスを発生させるフラックスが封入されており，シールドガスが不要のため，風の影響を受け難く，海外においてはポピュラーな溶接法である。海外製の送給装置は炭酸ガス溶接と共用できるものがある。

④ティグ溶接（図3）

シールドガスとしてアルゴンガスを用いる。タングステン電極と母材との間にアークを発生させて溶接する方法である。

小電流でもアークが安定するので，極薄板の溶接も行える。また，溶接ビードがきれいに仕上がるので，ステンレス溶接に多く使われる。ティグ溶接に必要なクレータ電流等の調整が行える専用のエンジン溶接機が製品化されている。

■溶接電源特性

①定電流特性

溶接中に手振れしてアーク長が変化しても溶接電流が変化しにくいので，初心者でもアーク切れしにくく，均一な溶接ビードに仕上がる。また，溶接ケーブルによる

ケーブルドロップにも影響を受けず，設定した電流値で溶接できる。また，アークスタート性改善による作業性の向上の機能として短絡電流を調整できる製品もある。

②垂下特性

垂下特性は溶接出力電圧の変化に比例して出力電流が減少・増加する特性である。微妙な手加減でビード幅，深さ，たれの調整がしやすくなる。また，アークスタート性がよく，アークのふらつきも改善される。

一台の機械で定電流特性と垂下特性が切替え可能な製品や，垂下特性における溶接電流と電圧の変化の割合を変えられる溶接特性調整機能を持つ製品もある。溶接姿勢や部材に合わせて設定することが可能である。

③定電圧特性

定電圧特性は溶接電流が変化しても電圧が変化しにくい特性で，ワイヤによる溶接方法に用いられる。アーク長に応じてワイヤの溶融速度が変化し，結果的に常に一定のアーク長が保持される。

■エンジン溶接機の補助電源（交流電源）

エンジン溶接機から出力される補助電源（交流電源）は，機種によって単相100ボルトのみ出力する製品と，単相100ボルトと三相200ボルトの両方を出力する製品とに分かれる。

単相100ボルトを出力する製品の中には，インバータ制御装置を内蔵して，電源波形をきれいにする製品もある。この場合，電圧や周波数が安定するので，電子制御している機器などでも安心して使うことができる。

■エンジンの種類と安全・環境性能

①駆動エンジン

溶接用発電機を動かすエンジンにはガソリンを燃料とするガソリンエンジンと軽油を燃料とするディーゼルエンジンの二種類がある。

ガソリンエンジンは小型軽量で可搬性に優れた特徴を

図2　DCW-400LSE
造船や橋梁などの現場で多く使われる炭酸ガス溶接機の例

図3　GAT-155ES
ステンレス溶接に多く使われるティグ溶接機の例

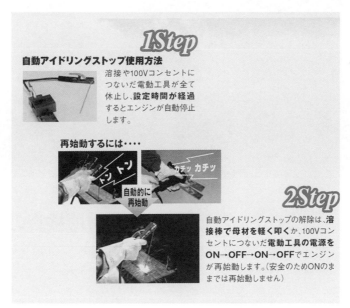

図4　自動アイドリングストップ使用方法

持ち，溶接電流190アンペア以下の小型機で用いられている。

一方でディーゼルエンジンは質量が大きくなるが耐久性があり，ランニングコストが安いことも特徴である。溶接電流200アンペア以上の大型機で用いられている。

②電撃防止機能

エンジン溶接機は直流溶接機なので，電撃防止装置の設置義務はないが，作業者の安全を考慮し，電撃防止機能を設けている製品が増えている。

③短絡継続保護機能

溶接棒が1秒以上短絡継続すると，出力電流を15アンペア程度まで低下させる機能です。溶接棒が固着しても赤熱することなく簡単に取れるため，作業効率が向上する。

④スローダウン機能

屋外作業では，作業場所の移動や段取り作業などで溶接作業を休止することがある。この溶接作業休止中にエンジンの回転速度を下げる機能をスローダウン機能と言う。エンジン回転速度を下げることで，騒音の発生や燃料消費を抑えることができる。

⑤エンジン回転制御

溶接作業中のエンジン回転速度は，一般的にその機械の定格出力回転で運転し十分な電力が得られるように作られている。

エンジンの出力に余裕がある場合は必要な電力に応じて無段階回転を制御する製品がある。無段階回転制御では作業する溶接電流に応じたエンジン回転速度で制御する。作業に応じた回転制御であり，騒音の発生や燃料消費を抑える上で優れた機能と言える。

⑥自動アイドリングストップ機能（図4）

溶接作業を休止すると自動的にエンジンを停止する機能である。また，溶接作業を再開する場合は母材に溶接棒をタッチするなどの簡単な作業だけで離れた場所からでもエンジンを自動始動できるよう工夫されている。

エンジンの無駄な運転時間がなくなることで，燃料消費ばかりではなく排出ガスを削減できる機能である。

⑦環境配慮のエコベース搭載機

エコベースは製品の油脂類を受ける空間容量を有したベースである。エコベース搭載機は溶接機と一体化する事で給油の際の燃料こぼれや不測事態の際に燃料やエンジンオイルなどの油脂類漏れを溶接機下部のエコベースで受け止めることができる製品である。環境保護が求められる現場でも安心して作業に従事できる。

また，簡易油水分離構造を搭載している製品もある。簡易油水分離構造はエコベース内に雨水が浸入した場合でも，油脂よりも先に水を優先的に機外へ排出機構である。また，エコベース内に溜まった液量の排水を促すために一定水位になると操作盤の警報ランプが点灯する機能も装備している。

⑧排ガス・低騒音の指定制度

エンジンの排出ガス成分および黒鉛の量が国土交通省の定める基準以下の製品は排出ガス対策型建設機械として指定される。国土交通省の直轄工事では指定を受けた機械が必要である。現在は第三次基準が運用されている。

また，エンジン溶接機から発生する騒音値が国土交通省の定める基準値以下の製品は超低騒音型建機として指定されている。

非破壊検査　編

篠田　邦彦

非破壊検査株式会社

本年も多くの学生諸君が，非破壊検査業ならびに関連する分野で社会人としての生活を開始された。ここではこのような方を対象として，非破壊検査に関する基礎的知識，非破壊検査における基本概念や技術的特徴，その他関連事項として，資格取得について解説する。

■非破壊検査とは

非破壊検査とは，材料・部品・構造物などの種類にかかわらず，試験対象物を傷つけたり，分解したり，あるいは破壊したりすることなしに，それらの内部および外面の状態などを知るために行う技術である。

物を壊して調べる破壊試験と異なり，非破壊検査では，検査結果が健全であれば，そのまま使用を継続することができることから，現代の工業社会において不可欠な技術である。

■非破壊検査の適用分野

非破壊検査は非常に多くの分野で使われている。特に重要なプラントである原子力・火力発電所，石油精製，石油化学，ガスなどの設備はもとより，橋梁，道路，ビルなどの社会資本，鉄道，航空機，船舶，あるいはロケットなどの輸送機器，鋳造品，鍛鋼品，鋼板など種々の工業製品を対象に，様々な手法で非破壊検査が適用されている。このように安全性，健全性が確保される必要のある，あらゆる製品，構造物などに必ず適用されていると言っても過言ではない。

■非破壊検査の目的および役割

非破壊検査を適用する目的および時期は，大きく次のように分類される。

①構造物および製品などに製造過程できずが発生していないか，また製品の品質が決められたレベルを満足しているかを調べる目的で使われている。

②一定期間の使用あるいは運転後の検査では，使用中にきずが発生，進展していないか，またそのきずにより，構造物および製品が破壊に至ることがないかを調べる目的で使われている。

これらからも分かるように，構造物および製品の破壊による事故を防ぎ，安全を確保する手段として，非破壊検査の役割は重要である。

■非破壊検査の種類

非破壊検査を有効に行うためには，その目的と対象物の状態に適った方法を適用することが必要である。そのため，非破壊検査手法としては多くの種類が考案され，実用化されている。**図1**に基本的な非破壊検査方法の種類を示す。

図1のうち，外観試験を除くきずの検出方法の原理を**図2**に模式的に示す。品質の高い非破壊検査を実施するためには，その目的と対象物に合った方法を適用することが必要である。いずれの場合でも，非破壊検査を適用して何の情報を得ようとしているのかを明確にして

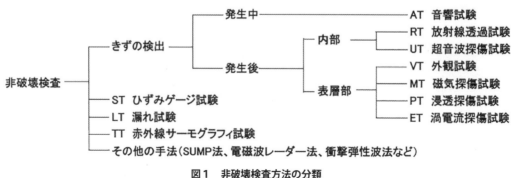

図1　非破壊検査方法の分類

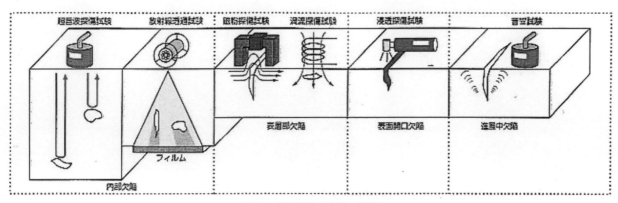

図2　非破壊検査方法の原理

おかなければならない。

　したがって，発生する可能性のあるきずを知り，その
きずの許容限度を明らかにした上で，確実に検出できる
ような試験方法と試験条件を選定する必要がある。

■非破壊検査の使い分け

　品質の高い非破壊検査を実施するためには，その目的
と対象物に合った方法を適用することが必要である。

　非破壊検査技術はそれぞれ特性が異なる。きずの検出
について言えば，きずの位置（表面か内部か），形状（平
面状か体積状か），あるいは対象物の材質などにより，
それぞれ適する方法が異なる。したがって非破壊検査を
適用するときは，目的とするきずなどをあらかじめ明確
にした上で，最適な方法を選択し，最適な条件で適用す
る必要がある。

■必要な資格

　非破壊検査の資格について述べる。非破壊検査を実施
する技術者の資格としては，JIS Z 2305:2013「非破壊
試験技術者の資格及び認証」に基づき，日本非破壊検査
協会が実施しているものが挙げられる。

　年に2回（春・秋）行われる試験に合格し，登録す
ることで資格を取得できる。受験するには，訓練シラバ
スに基づいた訓練を受けたことを証明する訓練実施記録
に，視力検査証明書を添えて，受験申請する必要がある。

　レベル1およびレベル2の新規試験では，筆記の一

次試験と実技の二次試験が課せられる。ともに合格した
者が，一定の経験月数を満たすことで資格認証申請が可
能となる。

　2022年10月時点で，登録されている資格者数は，
レベル1，2および3を合わせて延べ8万6519人に上
る。その中でレベル2が6万2402人と最も多く，現
場業務の中心となっている。これ以外では，鉄筋圧接部
の超音波探傷試験，建造物の鉄骨溶接部の検査など，対
象物に特化した資格もあり，現場においてこれらが要求
される場合もある。

　このように非破壊検査技術者となるには，まず上述し
た資格を取得することが第一歩となる。次に必要なこと
は，現場実務レベルを向上させることである。それに
は，手法の異なるそれぞれの非破壊検査技術に精通する
とともに，それを適用する対象物（溶接部，圧延品，鍛
造品および鋳造品など）について，材料，製造方法，使
用方法および発生するきずなどについての十分な知識を
持つことが必要である。非破壊検査は製品の品質管理あ
るいは構造物の健全性維持を目的として行われるもので
あり，その重要性はますます増加している。

　このようなたゆまぬ努力を継続するには，非破壊検査
技術者として自らが行う業務が，高い社会貢献度を有す
るものであることをよく認識し，仕事に誇りと使命感を
見出すことが原動力になると思われる。フレッシュマン
にはその気持ちをずっと持ち続けて，将来の非破壊検査
業界に少しでも貢献していただければと期待している。

クレーン・ホイスト　編

米山　幹郎

株式会社キトー

■クレーンとは

世間で一般的に「クレーン」と聞くと，土木工事や建築工事の現場で見かけるトラッククレーンやラフテレーンクレーンを頭に思い浮かべる人が多いと思う。しかし，それらは法規の上では「移動式クレーン」と呼ばれており，「クレーン」と呼ばれるものは次のように定義付けられている。

「クレーンとは，荷を動力を用いてつり上げ，およびこれを水平に運搬することを目的とする機械装置をいう」

一方，「クレーン」の適用除外項目のひとつとして「つり上げ荷重が 0.5 トン未満のもの」がある。言い方をかえると「0.5 トン以上のつり上げ荷重」が「クレーン」の条件として付け加えられることになる。「つり上げ荷重」にも定義があるが，詳細な説明をすると長くなってしまうので，簡単に「フック＋吊り具＋荷」とする。

ちなみに「移動式クレーン」の定義は「原動機を内蔵し，かつ不特定多数の場所に移動させることのできるクレーンをいう」となっている。ここでは，法規の上で，「クレーン」と定義付けられたものについて述べる。

■ホイストとは

クレーンの定義に「荷を動力を用いてつり上げ～」とある。この部分に該当する機械装置の種類のひとつをホイストと呼ぶ。ホイストは次のように定義付けられている。

「単体のユニットとして作られた横行駆動装置をもつ（またはもたない）巻上げ機構」

横行駆動装置とは，クレーンの定義の「～これを水平に運搬する～」の手段の一つとなる。しかし，定義に（またはもたない）と表現されているため，少し解りにくくなっている。クレーンには，水平に運搬させる主な手段として「走行・横行・旋回」がある。この手段の中の一つでも該当すれば「クレーン」と呼ばれるため，ホイストには横行駆動が存在しないクレーンもある。

■クレーンおよびホイストの種類

クレーンやホイストの種類は，荷のつり上げ方法や水平に運搬するための手段によって多岐に分けられている。ここでは代表的な種類について紹介する。

まず，ホイストの種類は，つり上げ方法によって分けられる。チェーンによるものとワイヤロープによるものがあり，それぞれを「チェーンブロック」（チェーンホイスト），「ロープホイスト」と呼ぶ。

また，クレーンへの取付方法でも次のように種類が分けられる。

①懸垂形＝クレーンにホイストを取付けている梁をガーダやジブと呼ぶが，そのガーダから懸垂した状態で固定されているもの②懸垂形横行式＝懸垂した状態で横行するもの③据置形＝2 本のガーダの上で固定されたもの④ダブルレール形＝2 本のガーダの上を横行するもの

実際には，チェーンブロックとロープホイストでは，若干呼び名が異なるが，区分けの仕方はほぼ同一となる。

一方，クレーンの種類は，水平に運搬する手段によって分けられる。

①ローヘッド形天井クレーン（サスペンション形，**写真 1**）＝走行駆動するクレーンにおいて，駆動装置が天井近くの走行レールに懸垂されているもの②オーバーヘッド形天井クレーン（トップランニング形，**写真 2**）＝駆動装置が天井近くの走行レール上を走行するもの③橋形クレーン（**写真 3**）＝走行レールが床に敷設されていて，クレーンが門形に組立てられているもの④テルハ＝走行駆動装置がなく，横行駆動装置と横行レールのみのクレーン

また，ホイストを取付けたジブが旋回するものを総称して「ジブクレーン」と呼ぶが，旋回中心の固定方法によって次のように分けられる。

①ピラー形ジブクレーン（**写真 4**）＝自立形の柱に取付けられているもの②ウォール形ジブクレーン＝建築物

写真1

写真2

写真3

写真4

の柱に取付けられているもの

　今回は，一部の代表的な種類のみの紹介となったが，弊社ホームページ（http://kito.co.jp）でクレーンの種類や技術情報，さらには法規についての説明を掲載しているので，是非，参考にして欲しい。

■クレーン操作に必要な資格

　クレーンの操作は，誤ると重大事故につながる危険な作業である。そのため，つり上げ荷重に見合い，さらにはクレーンの操作方法により異なる資格を取得する必要がある。

　作業の対象となる資格を必ず取得し，安全作業を心掛けなければならない。また，つり上げ荷重3トン以上のクレーンを製造する事業所は，所轄の労働局から「製造許可」を受けなければならない。

　資格や許可は大変重要なものとなるので，忘れずに覚えてほしい。

■クレーン市場の動向

　日本では近年，作業環境の分業化，安全作業の徹底の

結果として，小容量域のクレーンへ需要がシフトしてきた。また，人件費を削減するためにITを駆使した省人・省力化も進んでいる。

　一方，海外に目を向けると，東南アジアなどの発展途上国では先進国と比較し，設備投資が十分でないことや工場の規模が大きいことなどの理由で，依然として大容量域のクレーンの需要が多い。しかし，多くの日系企業が進出しているため，今後は小容量化や自動化のニーズが高まってくると予想する。

　また，人件費の上昇もあることから，生産性に重点を置くことが多くなってきている。その場合，工場のクレーンレイアウトの良し悪しが大きく影響するため，ユーザーニーズをしっかり聞き取り，適切なクレーンレイアウトの提案を行っていくことが重要となってくる。

　当社においては，海外の拠点となる新工場設立プロジェクトに協力させていただく機会が多くなっているが，大容量から小容量，手動から自動まで，様々なニーズに対して最適な提案ができるので，是非，相談してほしい。

溶接の資格ガイド

JIS を中心に、業種・材料別の資格が必要なケースも

「溶接」は多くの産業分野で製品の信頼性を支える基盤技術として用いられている。自動化が進む中でも，依然として溶接士の技量に負うところが大きく，JIS を中心とした溶接技能者資格の保有者のニーズは高まっている。また溶接施工全体を管理する「溶接管理技術者」をはじめとした専門資格が求められるケースも増えている。

■資格の種類

日本溶接協会は，溶接管理技術者，溶接技能者など要員の資格を認証する要員認証機関の第 1 号として，1999 年 3 月に日本適合性認定協会から認定された。鋼構造物の溶接施工に欠かすことのできない溶接管理技術者および国内規格（JIS）による溶接技能者の資格は，このシステムに基づいて認証されている。

■溶接管理技術者

鋼構造物の製作に当たり溶接・接合に関する設計，施工計画，管理などを行う技術者の資格。JIS Z 3410（ISO14731）/WES8103 で規定された溶接関連業務に関する知識及び職務能力について，評価試験を行い資格の認証を行う。

この資格は，JIS Z 3400「溶接の品質要求事項—金属材料の融接」で要求されている溶接管理技術者に必要な資格であり，建築鉄骨の製作工場の認定要件にもあげられるなど，広く一般の溶接構造物の信頼性安全性の確保に対する社会的要請に応える資格として活用され，公的にも国際的にも認識されている。日溶協では毎年 6 月と 11 月に特別級，1 級，2 級の評価試験を実施。溶接管理技術者のための研修会も毎年 4 月と 8 月下旬から 9 月にかけて全国各地で行っている。

■溶接技能者

鋼構造物の製作で溶接作業に従事する溶接技能者の資格であり，溶接作業を行う技能者の技量を一定の基準（JIS，WES など）に基づき全国で評価試験を行い，資格の格付けと認証を行う。

この資格は発注者からの溶接施工に関する仕様書などで要求される溶接品質を確保するために，製作者が信頼性を証明する手段の一つとして，広く一般の溶接構造物の信頼性，安全性の確保に対する社会的要請に応える資格として活用されている。

さらに，資格者は溶接管理技術者および溶接作業指導者の指揮下で，鋼構造物の溶接作業に従事するのが一般的となっている。日溶協が実施している「溶接技能者認証」は，日本の代表的な溶接技術検定制度であり一般的には「JIS 検定」として知られる。

主な資格の種別は手溶接技能者，半自動溶接技能者，ステンレス鋼溶接技能者など。資格の種類は溶接方法，溶接姿勢，試験材料の種類と厚さ，溶接継手と開先形状，裏当て金の有無などにより区分されている。

また日溶協では 2015 年から JIS，WES などの国内規格に基づく溶接技能者の認証とは別に，国際規格 ISO9606-1 に基づく溶接技能者の認証も開始している。試験は実技試験のみにより行い，溶接方法，継手の種類，溶接材料，溶接姿勢などが記述された溶接施工要領書に従い溶接された試験材により評価される。

■溶接作業指導者

溶接現場で状況の変化に応じて処置判断を行う「作業長」や「班長」など現場で指示・監督する立場にある「溶接作業指導者」の能力を認証する基準である WES8107「溶接作業指導者認証基準」に基づく資格認証。 熟練した溶接技能と実務経験を重要視するため，受験資格は満 25 歳以上とし，一定の技能資格の取得と実務経験を条件とする。

日溶協が行う，溶接の一般的な知識に加えて，品質管理や安全管理，設計および非破壊検査の基本的な知識を学ぶ 3 日間の講習会と筆記試験を前期（5 月）と後期（10 月）の年 2 回行っている。

このほかにも，アルミニウム合金の溶接を対象とした溶接資格（軽金属溶接協会）や，建築鉄骨，鉄筋接手などを対象とした溶接資格の認証が関連団体などで実施されており，必要に応じた資格の取得が求められる。

溶接機器・材料・高圧ガスの基礎知識 2023
── 溶材商社営業マン向けスキルアップ読本 ──

発 行 日	令和5年6月23日　初版第1刷
編集・発行所	産報出版株式会社
	〒101-0025　東京都千代田区神田佐久間町 1-11　産報佐久間ビル
	TEL 03-3258-6411　FAX 03-3258-6430
印 刷・製 本	株式会社ターゲット

©SANPO PUBLICATIONS, 2023 / ISBN978-4-88318-066-0 C3057